国家重点研发计划"高淀粉玉米全链条产业化技术模式构建与应用"（2022 YFD 2300805），子课题"高淀粉玉米产后降解毒素工艺关键技术优化和创新"

菌肥的制备与应用

李俐俐　著

科学技术文献出版社
SCIENTIFIC AND TECHNICAL DOCUMENTATION PRESS

·北京·

图书在版编目（CIP）数据

菌肥的制备与应用 / 李俐俐著. —北京：科学技术文献出版社，2023.12
ISBN 978-7-5235-0837-4

Ⅰ.①菌…　Ⅱ.①李…　Ⅲ.①细菌肥料—制备　Ⅳ.① TQ446

中国国家版本馆 CIP 数据核字（2023）第 192974 号

菌肥的制备与应用

策划编辑: 张　丹　责任编辑: 赵　斌　责任校对: 张永霞　责任出版: 张志平

出　版　者	科学技术文献出版社
地　　　址	北京市复兴路15号　　邮编　100038
编　务　部	(010) 58882938，58882087 (传真)
发　行　部	(010) 58882868，58882870 (传真)
邮　购　部	(010) 58882873
官方网址	www.stdp.com.cn
发　行　者	科学技术文献出版社发行　全国各地新华书店经销
印　刷　者	北京厚诚则铭印刷科技有限公司
版　　　次	2023 年 12 月第 1 版　2023 年 12 月第 1 次印刷
开　　　本	710×1000　1/16
字　　　数	307千
印　　　张	18.75
书　　　号	ISBN 978-7-5235-0837-4
定　　　价	78.00元

前　言

为了落实中共中央、国务院关于农业绿色发展决策部署，加快农业全面绿色转型，农业农村部、国家发展改革委、科技部、自然资源部、生态环境部、国家林草局印发实施了《"十四五"全国农业绿色发展规划》。

规划中明确，到2025年，绿色农业发展全面推进，制度体系和工作机制基本健全，科技支撑和政策保障更加有力，农村生产生活方式绿色转型取得明显进展。其中，化肥、农药使用量持续减少，农业废弃物资源化利用水平明显提高，农业面源污染得到有效遏制；农业生态系统明显改善，耕地生态得到恢复，生物多样性得到有效保护；绿色产品供给明显增加。细菌肥料的科学价值及在农业生产上的作用，尤为值得重视。在目前的增产运动中，其作为重要的有利条件之一，应开展广泛的研究应用。

肥料是庄稼的"粮食"。随着农业生产的迅速发展，耕地面积和复种指数不断扩大，单位面积产量不断提高，对肥料的需求量也越来越大。因此，怎样多积肥、积好肥、管好肥，怎样合理施肥、充分发挥肥料的增产作用，成为广大农村干部、社员、知识青年普遍关心的问题。

为此，我们根据各地科学实验的材料，结合各地农业生产中的实际情况，编写了《菌肥的制备与应用》这本书，介绍了在农业中常用的各种菌肥的性能、施用常识等基础知识，包括微生物的基本概念、在农业上的实践意义、观察方式、化学组成及外界环境的影响等方面。从每种菌肥的特征、形成、保存、制造、作用、实践、意义等方面，结合最新的科学研究，说明当前菌肥及相关行业的发展现状、意义及未来发展趋势等。

本书可供农村干部、社员和知识青年阅读，也可作为教师教学的参考。由于水平所限，深入实际不足，难免有不当之处，希望广大读者批评指正。

目　录

第一章　绪　论 1

第一节　微生物概念界定 1

第二节　霉菌及细菌介绍 3

第三节　放线菌及真菌介绍 15

第四节　微生物生长最佳场所——土壤 24

第五节　土壤微生物在农业实践中的意义 25

第二章　微生物观察方式 28

第一节　显微镜——微生物观察工具 28

第二节　显微镜组成结构 30

第三节　显微镜使用方式 33

第四节　显微镜测量方法 35

第五节　微生物染色方法 36

第三章　微生物的营养 42

第一节　微生物的化学成分及营养 42

第二节　制备培养基 47

第三节　检测及调节培养基酸碱度的方式 53

第四节　微生物接种及纯培养 54

第四章　微生物受外界环境条件作用 59

第一节　物理要素 59

第二节　化学要素 62

第三节　灭菌及工作区域灭菌 66

第五章　根瘤菌肥的制备与应用……………………………… 76

　　第一节　根瘤菌的特征 …………………………………………… 78

　　第二节　根瘤是如何形成的 ……………………………………… 79

　　第三节　根瘤菌与豆科植物共生固氮 …………………………… 80

　　第四节　根瘤菌的 3 种性质及菌种的保存方式 ………………… 81

　　第五节　根瘤菌的分离与选种 …………………………………… 83

　　第六节　准备菌种和检验菌种的方法 …………………………… 87

　　第七节　制备根瘤菌剂的方式 …………………………………… 89

　　第八节　根瘤菌剂的使用及注意事项 ……………………………100

　　第九节　根瘤菌剂在农业实践中的意义 …………………………103

第六章　固氮菌肥的制备与应用………………………………105

　　第一节　固氮菌的特征 ……………………………………………105

　　第二节　固氮菌的作用及其分布 …………………………………107

　　第三节　如何分离固氮菌 …………………………………………109

　　第四节　如何选择优良菌株 ………………………………………111

　　第五节　制备固氮菌剂的方式 ……………………………………113

　　第六节　制备固氮菌剂的土法 ……………………………………119

　　第七节　固氮菌剂的使用及注意事项 ……………………………120

　　第八节　固氮菌剂在农业实践中的意义 …………………………126

第七章　丁酸菌肥的制备与应用………………………………128

　　第一节　丁酸细菌的特征 …………………………………………128

　　第二节　丁酸细菌的作用及其分布 ………………………………129

　　第三节　如何分离丁酸细菌 ………………………………………131

　　第四节　制备丁酸菌剂的方式 ……………………………………134

　　第五节　丁酸菌剂的使用方式及效果 ……………………………136

　　第六节　丁酸菌剂在农业实践中的意义 …………………………137

第八章　磷细菌肥的制备与应用………………………………138

　　第一节　磷细菌肥的意义 …………………………………………138

　　第二节　如何分离磷细菌 …………………………………………139

第三节　磷细菌的形态及培养特性.................143

第四节　制备磷细菌剂的方式.....................147

第五节　磷细菌剂的使用方式及效果...............150

第六节　磷细菌剂在农业实践中的意义.............151

第九章　硅酸盐菌肥的制备与应用.................153

第一节　硅酸盐细菌的特征.......................153

第二节　如何分离硅酸盐细菌.....................154

第三节　制备硅酸盐菌剂的方式...................155

第四节　硅酸盐菌剂的使用方式及效果.............157

第五节　硅酸盐菌剂在农业实践中的意义...........159

第十章　抗生菌肥料的制备与应用.................161

第一节　抗生菌肥料与拮抗作用...................161

第二节　如何分离抗生菌.........................162

第三节　"五四〇六"号抗生菌的特性...............165

第四节　制备抗生菌肥料的方式...................169

第五节　检查抗生菌肥料的方法...................176

第六节　抗生菌肥料使用方式及效果...............178

第七节　抗生菌剂在农业实践中的意义.............182

第十一章　钾细菌肥的制备与应用.................184

第一节　钾细菌和钾细菌肥.......................184

第二节　制备钾细菌肥的土法方式.................197

第三节　纯化分离、复壮钾细菌菌种及储存.........222

第四节　筛选钾细菌新菌种.......................227

第五节　钾细菌肥的增产效果及缘由...............237

第六节　如何把握钾细菌肥的施用量及方式.........241

第七节　如何有效施用钾细菌肥...................244

第八节　钾细菌肥在农业实践中的意义.............258

第十二章 菌肥的广阔发展前景 ·················· 259

第一节 菌肥是一种多效能肥料 ·················· 259

第二节 生物固氮新途径 ·························· 263

附 录 ······································ 267

比色测定土壤酸碱度的方法 ···················· 267

标准缓冲溶液的配制 ·························· 268

琼脂的回收 ·································· 271

菌肥厂操作规程 ······························ 271

参考文献 ···································· 283

第一章 绪 论

第一节 微生物概念界定

生物就是在自然界中生长的植物和动物。生物有大有小，大的通过肉眼就可以看见，如生存在大自然中的动植物等；小的用肉眼无法看见，只能借助显微镜等仪器将其放大后才能看见，这些微小的生物称之为微生物。

微生物极为微小，通常用微米甚至纳米来衡量其尺寸。可以用以下几个等式进行换算。

（1）1 微米（μm）= 0.001 毫米（mm）

（2）1 纳米（nm）= 0.001 微米（μm）

（3）1 微米（μm）= 0.0001 厘米（cm）

（4）1 毫米（mm）= 0.1 厘米（cm）

当然，除此以外，还有一种微生物非常细微，普通显微镜也无法观察到它们的存在，只有通过超显微镜才可以观察到，我们称之为病毒。微生物种类非常多，我们比较熟悉的有放线菌、细菌及真菌等[①]。

微生物还具有很多特点，如繁殖快、代谢能力强，分布广、种类多，易于培养，容易变异、产生新菌种等。

一、繁殖快、代谢能力强

（一）繁殖速度

细菌在条件适宜的情况下，繁殖速度如下。

（1）每 20 分钟大约能够繁殖 1 代；

（2）每 24 小时大约能够繁殖 72 代；

---

① 王岳，金章旭. 菌肥及其制造与使用 [M]. 福州：福建人民出版社，1962：3–4.

（3）一个细菌 24 小时能够繁殖 40 000 亿亿个。

（二）代谢能力

（1）500 千克的微生物，一天一夜能够合成 1250 千克蛋白质；

（2）一头体重为 500 千克的奶牛，一天一夜能够合成 0.5 千克蛋白质。

微生物的代谢能力强，吸收养料多，代谢产物也非常多，通过以上数据可以看出，微生物为生产提供了非常有利的条件。

二、分布广、种类多

根据相关调查可以得出微生物具有分布广、种类多的特点，如图 1-1 所示。

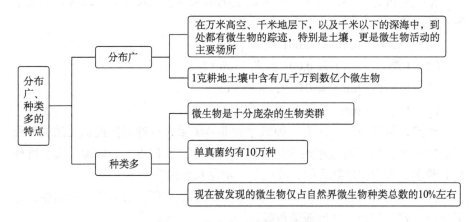

图 1-1　分布广、种类多的特点

通过以上数据可以知道，自然界中微生物资源是十分丰富的，有待我们去研究和发现，让它更好地为社会主义建设服务。

三、易于培养

培养微生物时，可利用多种农副产品作为原料，培养方法简单方便，各地可以因地制宜，就地取材进行生产。

四、容易变异、产生新菌种

在环境条件发生剧烈变化时，大多数微生物会因个体死亡而被淘汰，个别幸存的微生物为适应新环境会发生变异。

在工农业生产中，主要运用这一特性选育新菌种，促使利用微生物制造的产品质量得到大幅度提高。例如，上海利用紫外线照射"九二〇"号产生菌，从而选育新菌种，使"九二〇"号产生菌产品质量得到大大提高[①]。

我们应充分利用和挖掘微生物以上特点，从而更好地为工农业生产服务。

第二节　霉菌及细菌介绍

一、细菌介绍

细菌极为广泛地分布于自然界，与人类的关系非常密切。人们一提起细菌，往往会想到它有害的一面。例如：

（1）细菌是引起人体感染伤寒、霍乱等传染病的罪魁祸首；

（2）细菌可引起牲畜、作物病害；

（3）细菌使食物变质。

其实，细菌还有有益的一面，例如：

（1）很多细菌已被广泛应用于工农业生产；

（2）应用于疾病预防；

（3）应用于污水处理等。

细菌成为人们改造自然、创造社会财富的有力工具，具体体现在以下几个方面：

（1）工业方面可应用细菌进行勘矿、浸矿、石油发酵等；

（2）农业方面可利用细菌制成各式各样的菌肥；

（3）医药方面可将细菌毒素制成各种类毒素和抗毒素，用以预防疾病；

---

① 莱阳农学院土壤肥料教研组. 菌肥 [M]. 济南：山东科学技术出版社，1978：3–5.

（4）环境保护方面可利用细菌净化污水等。

因此，我们应更好地了解细菌、熟悉细菌[1]。

（一）细菌种类

细菌是什么样子呢？通过显微镜可以观察到细菌有球状、杆状和弧状三种形态，分别称为球菌、杆菌、弧菌。这些细菌有的成双成对，有的单独存在，有的连接成链状[2]。

（二）细菌大小

细菌的种类不同，大小也不尽相同，通常情况下都仅有几微米。因为所有细菌仅能在显微镜下观察到，所以对细菌的测量只能通过显微镜来完成。

一般用测微针对细菌的大小进行测量，针对不同的细菌，需要测量的数据也有所不同。例如，测量杆菌时，需要测量宽度与长度；测量球菌时，只需测量直径即可。

（1）球菌：$1\ \mu m \leqslant$ 细胞直径 $\leqslant 2\ \mu m$；

（2）杆菌：$1\ \mu m \leqslant$ 长度 $\leqslant 5\ \mu m$，$0.5\ \mu m \leqslant$ 宽度 $\leqslant 1\ \mu m$；

（3）螺旋菌：$0.5\ \mu m \leqslant$ 长度 $\leqslant 500\ \mu m$，长度跨度极大[3]。

因此，细菌的大小通常难以计算一个平均值。

（三）细菌形态

在微生物当中，细菌是基本成员，形态各异，主要有杆菌、球菌和螺旋菌 3 种。

1. 杆菌

顾名思义，杆菌的形状呈杆状，根据其形态不同可以分为以下几类。

（1）短杆菌

整体形状比较短，且很粗，这样的杆菌就是短杆菌。又因其圆胖，很容易与球菌混淆，分辨时较为困难[4]。

---

[1] 王岳，金章旭 . 菌肥及其制造与使用 [M]. 福州：福建人民出版社，1962：6.

[2] 李卓棣 . 农业微生物学实验技术 [M]. 北京：中国农业出版社，1996：2-5.

[3] 福建师范学院化学系勤工俭学小组 . 细菌肥料 [M]. 福州：福建人民出版社，1959：10.

[4] 王岳，金章旭 . 菌肥及其制造与使用 [M]. 福州：福建人民出版社，1962：4.

（2）长杆菌

整体又细又长，像一根柱子一样，称为长杆菌。

又因菌种不同，菌体两端的形态也各不相同，呈现出的形态或尖或圆或膨大或为平截状。两端较圆的有丁酸细菌，两端较尖的有磷细菌等，可以通过其形态特征进行区分。

杆菌根据其排列方式也可以分为以下几种。

（1）单杆菌；

（2）双杆菌；

（3）链杆菌。

杆菌的形态如图1-2所示。

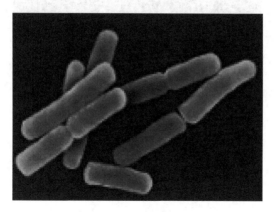

图1-2 杆菌形态

2. 球菌

球菌的形状为球状，在细菌中最为常见也最为普通。根据其在繁殖过程中产生新细胞的排列方式，可以将其分为以下几类。

（1）单球菌

分裂之后细胞分散且单独存在。

（2）双球菌

双球菌就是两个细胞成对排列在一起。

（3）链球菌

很多细胞成串地排列在一起。

（4）四联球菌

4个细胞联在一起，呈田字形排列。

（5）八叠球菌

8个细胞分层重叠在一起，形成一个立方形。

（6）葡萄球菌

顾名思义，就是像一串葡萄一样，很多细胞组合在一起，没有固定的排列方式[①]。

球菌的形态如图 1-3 所示。

图 1-3　球菌形态

3. 螺旋菌

螺旋菌的细胞呈现弯弯曲曲的螺旋状。根据细菌弯曲情况的不同，可以分为以下 3 种。

（1）弧菌

菌体稍微弯曲，像一根香蕉。

（2）螺旋菌

菌体就像螺旋一样弯曲，且弯曲程度较大[②]。

（3）螺旋体

螺旋体的菌体比螺旋菌长很多，螺旋的次数也比较多。

---

① 康白. 微生态学 [M]. 大连：大连出版社，1988：11-13.

② 沈其荣. 土壤肥料学通论 [M]. 北京：高等教育出版社，2001：12.

需要格外注意的是，在菌肥当中是没有这类菌种的。螺旋菌的形态如图1-4 所示。

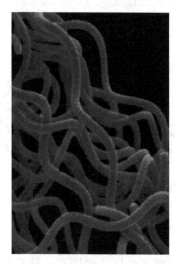

图1-4 螺旋菌形态

（四）细菌细胞的组织

细菌细胞的组织与高等植物细胞的组织相似之处。虽然其个体很小，但也有属于其本身的组织构造，不仅有鞭毛、荚膜及芽孢，还有原生质体和细胞壁。

1. 鞭毛

在很多细菌体的外部周围会有弯曲的、纤细的、能够收缩的线状鞭毛，它非常重要，是细菌的运动器官。

然而，并不是在所有的菌体外部周围都会出现鞭毛。因细菌的种类不同，鞭毛的位置及数量也会有所不同。可以根据其数量及形态，将鞭毛分为以下几种。

（1）单毛菌

在菌体的某一端只生长一根鞭毛。

（2）丛毛菌

在菌体的某一端或两端，丛生着几十根或几百根鞭毛。

（3）周毛菌

周毛菌就是围绕着菌体的周围，生长一圈鞭毛的细菌。

因此，根据细菌鞭毛的位置及数量，可以准确地对细菌的种类进行区分与鉴别。细菌鞭毛的形态如图 1-5 所示。

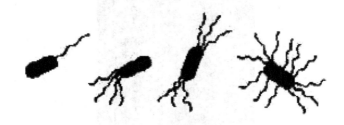

图 1-5　细菌鞭毛形态

2. 荚膜

荚膜就是在细菌细胞壁的外层，包围有一层胶状黏液。这些黏液是细菌在生命活动过程中，在一定营养条件下分泌的黏性物质，形状酷似豆荚[①]。

荚膜可以使固体培养基菌落产生湿润、光泽的表面，也可以使液体培养基变得黏稠。在硅酸盐细菌和固氮菌中可以观察到，荚膜可以包围单个细菌细胞，也可以包围多个细菌细胞，从而形成菌胶团。

细菌有了荚膜就像人穿上盔甲一样，具有保护作用，如肺炎球菌有荚膜时，能够有效抵抗白细胞的吞噬作用；一旦失去荚膜，其致病力就大大降低[②]。

3. 芽孢

芽孢的形态呈椭圆形或特殊的圆形，生长在细胞内。当部分细菌处于外界环境对其生长不利的状态时，就会形成芽孢。

通过芽孢的大小、形状及位置可以区分细菌的种类。

（1）芽孢直径＜菌体宽度

细菌芽孢位于菌体的中间。

---

① 王岳，金章旭 . 菌肥及其制造与使用 [M]. 福州：福建人民出版社，1962：14.

② 方中达 . 植病研究方法 [M]. 3 版 . 北京：中国农业出版社，1998：22.

（2）芽孢直径＞菌体宽度

细胞形成中间大、两头尖的梭形。有时细胞也会形成鼓槌状，芽孢位于细胞的一端。

芽孢内代谢活动极低，呈休眠状态。因此，在干燥条件下，芽孢生存几十年仍有生活力，在 100 ℃温度下保持 3 小时就可致死[①]。

细菌芽孢的含水量不多，壁很厚，可以有效抵抗外界对其不利的影响，以保证细菌的生存。细菌芽孢的形态如图 1-6 所示。

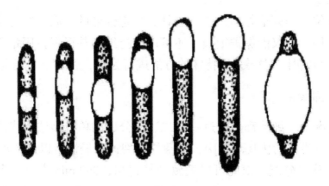

图 1-6　细菌芽孢形态

因芽孢具有以上特性，在制造菌肥时，需要延长灭菌时间以消除有芽孢的杂菌。

4. 原生质体

原生质体就是细菌细胞壁内部的胶状物质，包含以下四部分。

（1）原生质膜

原生质膜是一层柔软且很薄的薄膜，富有弹性，紧贴在细胞壁里面。

（2）细胞质

细胞质是一种无色透明的液体，并且非常黏稠。

（3）核

对于细菌是否有核这个问题，一直为细菌学家所争论，甚至出现了很多说法。有学者认为细菌本身就是一个完整的细胞核，有学者则认为细菌根本

---

① 南京农学院.土壤农化分析 [M].北京：农业出版社，1980：3-4.

不存在细胞核 [①]。

随着时代的发展与进步，现如今，学者使用电子显微镜能够观察到细菌内部的核，还有一些细菌核具有分散的、不固定形态。

（4）内含物

在内含物里，有很多是细菌储存的营养物质，如淀粉粒、蛋白质颗粒、油脂粒及肝糖粒等，这些营养物质均以不定形的颗粒悬浮在原生质里 [②]。

5. 细胞壁

细胞壁位于细菌最外面，是一层具有一定强度的薄膜，富有弹性。细胞壁有很多作用，不仅能保护细菌，还可以维持细菌外形保持固定不变。用显微镜观察细胞壁时，需要采用特殊的方法进行处理，否则很难观察到 [③]。

（五）细菌的繁殖

通常情况下，细菌都是通过一分二、二分四的单分裂法逐代进行快速繁殖。在适合其生存的优良环境中，细菌的分裂速度最快可以达到每 20 min 就完成一次一分二分裂。由此可以大致计算得出，300 min 内，一个细菌能够繁殖为 1024 个细菌；600 min 内，一个细菌能够繁殖为 262 144 个细菌 [④]。

以上算法只是一个大概的估算，并不完全准确，但也足以证明细菌与其他微生物具有令人震撼的繁殖速度。因此，培养细菌并不难，我们可以培养对人类有益的微生物，遏制对人不利的微生物繁殖 [⑤]。

外界的繁殖条件及整体环境的变化，都会对微生物的繁殖速度产生一定的影响，影响条件主要包括以下几点。

（1）累积了大量有毒物质的时候；

（2）累积的营养料渐渐变少；

（3）酸碱度的变化；

---

① 王若男，洪坚平 . 4 种生物菌肥对盆栽油菜产量品质及土壤养分含量的影响 [J]. 山西农业大学学报（自然科学版），2016（11）：774–778，792.

② 张宝贵，李贵桐 . 土壤生物在土壤磷有效化中的作用 [J]. 土壤学报，1998（1）：104–111.

③ 王岳，金章旭 . 菌肥及其制造与使用 [M]. 福州：福建人民出版社，1962：16.

④ 莱阳农学院土壤肥料教研组 . 菌肥 [M]. 济南：山东科学技术出版社，1978：16.

⑤ 王岳，金章旭 . 菌肥及其制造与使用 [M]. 福州：福建人民出版社，1962：21.

（4）衰老现象也会影响部分菌体①。

因此，细菌的繁殖速度并不是一直都是那么迅速的，也会受到一些因素的影响。在进行人工培养时，微生物的繁殖通常会经历以下 4 个阶段，如图1-7 所示。

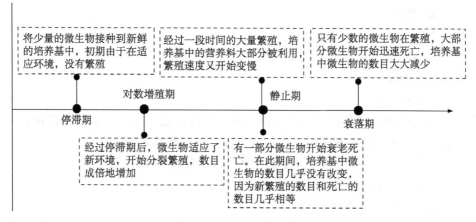

图 1-7　微生物繁殖阶段

（1）停滞期

也就是我们通常所说的缓慢期，即在培养细菌时，将菌种接入培养菌体初期繁殖较为缓慢的过程。

缓慢期的长短与以下因素有密切关系。

①菌种；

②菌龄；

③接种量；

④培养条件。

同一菌种在相同条件下，新菌种的缓慢期比老菌种的缓慢期要短，这在生产菌肥时很有实用价值。

（2）对数增殖期

也就是我们通常所说的生长旺盛期。在此期间，菌体变化呈如下特点。

———————

① 王振.复合微生物菌剂对水稻生长发育影响研究 [D]. 沈阳：沈阳农业大学，2017：12.

①繁殖较快；

②菌体整齐；

③健壮；

④代谢旺盛[①]。

此时，细菌数量是以几何级数增加的。一般来说，对数期的长短与以下3个因素密切相关。

①菌种；

②培养基；

③培养条件。

（3）稳定期

也就是我们通常所说的静止期，是指细菌经过一段时间的大量繁殖后，培养基中的养料逐渐被消耗，生长繁殖过程中出现以下变化。

①代谢产物如二氧化碳、有机酸等不利产物逐渐增多；

②细菌的繁殖速度渐渐变慢；

③有一部分菌体衰老死亡。

当菌体的增加数和死亡数相对平衡时，即进入稳定期。在这一阶段，细胞内积累的代谢产物逐渐增多，也是细菌生成物制品的重要采收期[②]。

（4）衰落期

衰落期是指人工培养菌体的后期，会出现以下变化：

①营养物质明显减少；

②环境条件发生较大变化；

③代谢产物逐渐增多；

④酸碱度发生变化；

⑤大部分菌体开始迅速死亡，培养基中细菌的数目也大大减少。

细菌的繁殖方法如图 1-8 所示。

① 王文章，崔永庆.世界无机肥料生产和应用的现状及发展趋势（综述）[J].宁夏农业科技，1981（6）：47-49.

② 池景良，郝敏，王志学，等.解磷微生物研究及应用进展 [J].微生物学志，2021（1）：1-7.

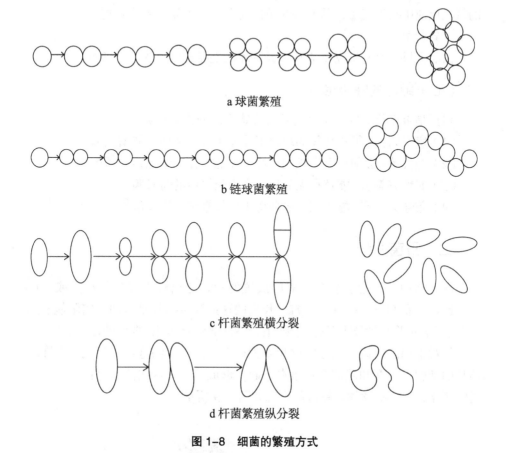

a 球菌繁殖

b 链球菌繁殖

c 杆菌繁殖横分裂

d 杆菌繁殖纵分裂

图 1-8 细菌的繁殖方式

球菌是沿着一个平面或几个平面分裂的；杆菌是沿着横轴分裂的。细菌的繁殖速度非常快，有些细菌繁殖极快，每 17 min 就进行一次分裂[①]。

（六）细菌的营养方式

1. 自营菌

自营菌不依赖于有机物而存在，是自给自足的，可以从 CO_2 中转化 C，从某些盐类中转化氮。

例如，绿色植物中的叶绿素可以通过光合作用来吸收碳，可以从无机物

① 王岳，金章旭 . 菌肥及其制造与使用 [M]. 福州：福建人民出版社，1962：23.

的氧化反应中获得能量，从而将简单的化合物转为复杂的化合物[①]。

2. 异营菌

依靠无机物及有机物供应碳、氮等才能生存和繁殖的一类细菌。

（七）细菌的呼吸形式

根据是否需要氧气，细菌的呼吸形式可以分为 4 种类型。

（1）嫌气菌：必须在无氧的环境下才能生长的细菌，如沼气菌。

（2）好气菌：必须在有空气的环境下才能生存的细菌，如固氮菌。

（3）兼性需氧菌：能够在无氧环境中生长繁殖的需氧菌。

（4）兼性厌气菌：能够在有氧环境中生长繁殖的厌氧菌[②]。

二、霉菌介绍

在生活中，经常会看到长时间放置的食物会出现墨绿色的小点或长白毛，这就是我们所说的食物发霉。长出的这些微生物就是霉菌，肉眼能看到的就是这样的聚集性外观形态，想要看清楚内部构造，就需要借助显微镜。

相对于细菌来说，霉菌的体积要大得多，由很多细胞组合而成。有许多伸长的细胞，头部和尾部会连接在一起，形成菌丝。这些菌丝生长为相互交错的菌体，称为菌丝体。霉菌的形态如图 1-9 所示。

图 1-9　霉菌形态

在霉菌中有一种酵母，可以用来做酒精，比细菌大很多，大约是其十

---

① 福建师范学院化学系勤工俭学小组．细菌肥料 [M]．福州：福建人民出版社，1959：8.

② 福建师范学院化学系勤工俭学小组．细菌肥料 [M]．福州：福建人民出版社，1959：9.

倍。在菌肥的制造过程中与霉菌基本没有太大关系，但因其分布范围非常广，容易混合到细菌中，会对细菌培养过程造成干扰与影响，需要格外注意[1]。

第三节 放线菌及真菌介绍

放线菌在自然界中的分布是极为广泛的。在空气、土壤和水中都有它们的足迹，特别是在中性至微碱性的土壤中，存在大量的放线菌。

自 20 世纪 40 年代以来，放线菌的作用越来越明显。许多放线菌能产生各种抗生素，目前已知道大约有 2/3 的抗生素是由放线菌产生的[2]。在医药中主要有如图 1-10 所示的几种。

链霉素、春雷霉素 土霉素 四环素 庆大霉素 博来霉素

图 1-10 医药上的抗生素

此外，在农业上推广的"五四〇六"号菌肥也是由放线菌制成的。

一、放线菌概念界定

放线菌是介于霉菌与细菌中间的一种微生物，单细胞形态和细菌很像，但在菌丝体的结构方面又和霉菌非常像，较霉菌更细一些，$0.5 \ \mu m \leqslant$ 直径 $\leqslant 1.2 \ \mu m$[3]。

放线菌的菌丝体是单细胞，其长短都是不一样的，并且非常细，结合在一起。

[1] 王岳，金章旭. 菌肥及其制造与使用 [M]. 福州：福建人民出版社，1962：24.

[2] 陈求柱. 氮肥运筹对棉花产量形成及养分吸收利用的影响研究 [D]. 武汉：华中农业大学，2013：17.

[3] 南京农学院. 土壤农化分析 [M]. 北京：农业出版社，1980：21.

二、放线菌形态

放线菌的菌落形态与细胞外形没有太大差别，都是由许多分枝的菌丝形成的。放线菌和霉菌的相同点都是以菌丝的状态进行生长，不同之处在于放线菌整体呈圆形且比较坚实，而霉菌则会无限制地进行扩张。放线菌的菌丝体由气生菌丝和营养菌丝两部分组成[①]。

（一）气生菌丝

气生菌丝生长在培养基表面，大部分的生长形态呈现弯曲的形状。气生菌丝末端部分的原生质，能够分割或凝聚为很多个独立的小段，之后再不断变化，变成椭圆形、柱形或圆形的孢子[②]。

气生菌丝凝聚或分割形成的孢子，通常会连接为形式多样的孢子丝，如波曲状、螺旋状或直线型。无论是其排列方式还是形状，都属于放线菌的主要特征。放线菌的形态如图 1-11 所示。

图 1-11　放线菌形态

---

① 林成谷. 土壤学（北方本）[M]. 北京：农业出版社，1983：18.
② 林成谷. 土壤学（北方本）[M]. 北京：农业出版社，1983：19.

孢子丝也是一种繁殖器官，只不过比较特殊。放线菌繁殖的方式可以分为两种。

（1）简单的分裂；

（2）孢子发芽。

孢子丝成熟时，外膜就会溶解，进而使孢子分散，并在新的环境中独立生长。

（二）营养菌丝

营养菌丝会潜入培养基中并吸收其中的营养料。营养菌丝可以潜入得非常深，充分吸收营养料[①]。

三、放线菌菌落与细菌菌落的区别

放线菌的菌落由细绒状的菌丝体组成，并产生孢子，与细菌的菌落存在明显差异。因此，菌落表面呈紧密的绒状，比较结实、多皱。

长成孢子后，表面呈粉末状的菌丝和孢子各自有不同的色素，因此，培养基表面孢子丝的颜色与深入培养基内的营养菌丝的颜色存在差异[②]。

四、放线菌的各种用途

放线菌因种类不同，所产生的色素也有所不同，如紫色素、红色素、黑色素、褐色素、绿色素、蓝色素、灰色素、橙色素、黄色素、白色素等。

这些色素并不是全都会使培养基变色，只有一部分可以使培养基变成与之相同的颜色，另有一部分是不会染色的，存在于菌丝体内[③]。

此外，还有一些放线菌可以产生对禽类、家畜及人类都非常有用的抗生素，能够在医学方面发挥极大的作用。同样，在农业当中也可以使用抗生素刺激作物生长，并能防治作物病害。现在，在制造肥料时也使用这种放线菌，

---

① 沈其荣. 土壤肥料学通论 [M]. 北京：高等教育出版社，2001：12.

② 陈廷伟. 非豆科作物固氮研究进展 [M]. 北京：中国农业科技出版社，1989：31.

③ 曲东明，范浩南，韩善华. 放线菌根瘤的形成方式及组织结构 [J]. 微生物学通报，1997（3）：165–167.

从而制作抗菌肥料[①]。

五、真菌

（一）真菌的形态与分类

1. 真菌的形态

真菌是比细菌大的一种微生物，细胞结构也比较完善。其细胞壁比细菌的细胞壁要厚，且有明显的细胞核；除少数是单细胞外，多数是呈分枝或不分枝的丝状体[②]。

2. 真菌的分类

通常情况下，真菌分为以下两类。

（1）酵母菌

酵母菌大多数为单细胞，呈椭圆形或卵圆形。其在生产实践中应用较为普遍。酵母菌的用途非常广泛，如图1-12所示。

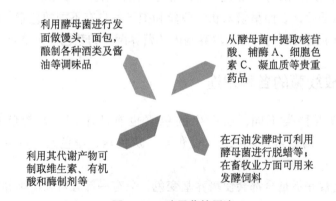

利用酵母菌进行发面做馒头、面包，酿制各种酒类及酱油等调味品

从酵母菌中提取核苷酸、辅酶A、细胞色素C、凝血质等贵重药品

利用其代谢产物可制取维生素、有机酸和酶制剂等

在石油发酵时可利用酵母菌进行脱蜡等；在畜牧业方面可用来发酵饲料

图1-12　酵母菌的用途

（2）霉菌

①霉菌分布

在自然界分布极广，种类较多，据估计大约有4万种。

---

① 王岳，金章旭．菌肥及其制造与使用 [M]．福州：福建人民出版社，1962：32.

② 万书波．中国花生栽培学 [M]．上海：上海科学技术出版社，2003：21.

②霉菌分类

有寄生和腐生两种类型，喜欢在偏酸性条件下生活。日常生活中食物长毛、衣物发霉都是霉菌引起的。

在菌肥生产中，霉菌是一种容易侵入的杂菌，因此，必须很好地认识它，以保证菌肥的质量[①]。

③霉菌形态

霉菌菌落的形态是绒毛状或疏松的棉花状，不同霉菌顶端的孢子有不同的颜色。孢子成熟后飞散到各处，在适宜的条件下萌发为新菌体。菌体多呈丝状。

无隔菌丝：单个的菌丝像一个圆筒，相互贯通不分节；

有隔菌丝：在菌丝上由竹节似的膜分隔开，形成每隔为一细胞的多细胞菌丝体。多数霉菌属于有横隔膜的霉菌。

常见的霉菌如图 1-13 所示。

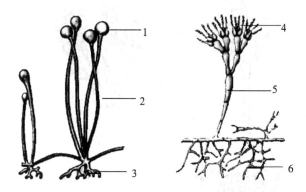

1—成熟的孢子囊；2、5—孢子囊柄；3、6—假根；4—孢子囊孢子

a 根霉

---

① 福建师范学院化学系勤工俭学小组 . 细菌肥料 [M]. 福州：福建人民出版社，1959：21.

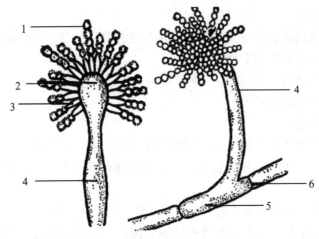

1—分生孢子；2—顶囊；3—小梗；4—分生孢子柄；5—足细胞；6—隔膜

b 曲霉

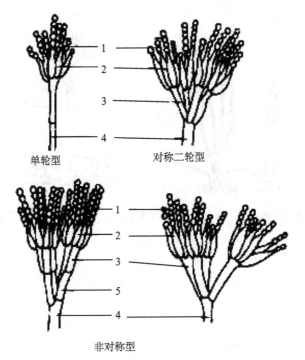

单轮型　　　　　　对称二轮型

非对称型

1—分生孢子；2—小梗；3—梗基；4—分生孢子梗；5—副枝

c 青霉

1—菌丝

d 木霉

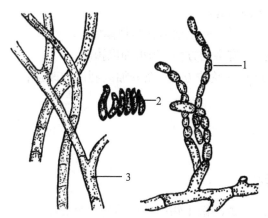

1—小型分生孢子；2—大型分生孢子；3—菌丝

e 赤霉菌

图 1–13　常见的霉菌

（二）霉菌与工农业的关系

霉菌与工农业生产关系非常密切。

1. 工业方面

在工业方面应用各种霉菌，能够生产以下物质。

（1）柠檬酸；

（2）青霉素；

（3）灰黄霉素；

（4）淀粉酶；

（5）蛋白酶；

（6）核苷酸等[1]。

2.农业方面

霉菌在农业方面得到广泛应用，主要包括以下几个方面。

（1）饲料发酵；

（2）生产"九二〇"号新农药；

（3）生产白僵菌新农药；

（4）生产鲁保1号新农药。

霉菌并不完全都是优点，也会给人类和动植物带来很多危害，例如，粮食霉烂等都是由霉菌引起的。

我们要充分掌握霉菌的生活习性与规律。

（1）对于缺点及有害的方面：积极加以预防；

（2）对于优点及有益的方面：充分加以利用和改造，使其更好地为工农业生产服务。

六、病毒

（一）病毒结构

病毒是目前所知道的微生物中最原始的一个类型，没有细胞结构。它比细菌还小，其大小关系如下。

（1）较大的病毒直径 $\geqslant 450\,\mathrm{nm}$；

（2）$1\,\mathrm{nm} = \dfrac{1}{1000}\,\mathrm{\mu m}$；

（3）$10\,\mathrm{nm} \leqslant$ 较小的病毒直径 $\leqslant 20\,\mathrm{nm}$。

较小的病毒只有在电子显微镜下才能观察到，在普通显微镜下根本无法观

---

① 莱阳农学院土壤肥料教研组 . 菌肥 [M]. 济南：山东科学技术出版社，1978：25.

察到[①]。

（二）病毒形状

不同的病毒形状也不一样，主要有以下几种。

（1）球形；

（2）长方形；

（3）杆状；

（4）蝌蚪状等[②]。

（三）病毒的生存方式

病毒不能独立生存，不能独立进行物质代谢，只能寄生在以下生物体中。

（1）人类；

（2）动植物；

（3）昆虫；

（4）细菌；

（5）放线菌等。

（四）病毒的分类

通过寄主进行划分，病毒可分为3类。

（1）侵染细菌的称为细菌病毒；

（2）侵染植物的称为植物病毒；

（3）侵染动物的称为动物病毒。

（五）病毒防病治病的作用

很多病毒能够引起人类、动植物发生各种病害，主要有以下几种。

（1）人的天花、麻疹；

（2）禽畜的瘟疫、口蹄疫等；

（3）植物的黄矮病、丛矮病等。

在菌肥生产中，细菌病毒对生产有极其严重的破坏作用，有的病毒可以用

---

① 王振 . 复合微生物菌剂对水稻生长发育影响研究 [D]. 沈阳：沈阳农业大学，2017：11.

② 段文学 . 耕作方式和氮肥运筹对旱地小麦耗水特性和产量形成的影响 [D]. 泰安：山东农业大学，2013：13–14.

于防治有关的病害。例如，应用铜绿假单胞菌的噬菌体可以治疗铜绿假单胞菌感染，经过毒力弱化的病毒制成各种疫苗，注入动物体内后可增强免疫力等[①]。

我们应努力变害为利，充分发挥病毒在防病治病中的作用。

第四节 微生物生长最佳场所——土壤

一、微生物繁殖特征

微生物的繁殖非常迅速，很难死亡，体积又小，很容易散布。微生物在哪里都可以生存，无论是在土壤、空气、水中，还是其他与水、土壤及空气相接触的地方。

由于其具有顽强的生命力且分布范围广泛，使得微生物与人类的接触非常密切与频繁，人们在生产劳动及日常生活中，几乎每时每刻都在与微生物打交道[②]。

二、微生物主要生长场所

微生物主要生长的场所是土壤。每 1 克土壤中就生长着大约几十个线虫、一百万个藻类、一百万个霉菌、一百万个原生动物、一千万到两千万个放线菌，以及十亿个细菌。由此可知，在土壤表层大约生长着五千万个微生物，数量如此庞大，使得土壤成为微生物主要生长场所。在大自然中，土壤可以称之为微生物的发源地。

三、土壤是微生物生长最佳场所的原因

土壤是微生物生长最好的场所，主要有以下几点原因。

---

① 刘晓. 微生物菌肥在农业生产中的应用研究 [J]. 河南农业，2021（17）：14–15.

② 孙文财. 微生物菌肥在农业生产中应用的必要性 [J]. 农业开发与装备，2021（4）：224–225.

（一）提供微生物所需必要生活条件——土壤

（1）在土壤颗粒的外面都会包裹着一层水膜，对于活动基本条件为水的微生物来说，是非常优良的生长场所。

（2）土壤颗粒包含各种营养料，如磷、氮、钾等，可以为微生物提供充足的营养物质[①]。

（二）适合微生物繁殖的酸碱度

微生物在生长的过程中，酸碱度、空气、湿度、温度都是非常重要的因素。土壤中的这些因素都是非常适合微生物生长的，例如，土壤中的温度比较固定，不会发生很大的变化，对于微生物来说没有太大的影响；土壤里的氧气也会对微生物活动产生大的影响。

因此，对微生物来说，土壤可以提供其必需的生活条件，很适宜微生物的生长[②]。

第五节　土壤微生物在农业实践中的意义

在所有的微生物当中，日常我们听到最多、说得最多的就是细菌，认为细菌是一种有害的物质，能够使人类和动植物生病，这其实是由于我们对微生物知识的匮乏而引起的。

在众多细菌中，能够对人类产生真正危害的很少，很多细菌及其他微生物，在农业、工业或医药方面都是对人类有益的，即使出现有害物质也不用担心，人类早已研究出了消灭或控制有害细菌的方法[③]。

此外，对人类有益的微生物要予以大力发展。有益的微生物不仅可以用于酿酒，还可以生产很多重要的化学药品等。在农业生产的过程中，土壤微

---

① 李琦，杨晓玫，张建贵，等．农用微生物菌剂固定化技术研究进展 [J]．农业生物技术学报，2019（10）：1849–1857.

② 李涛，张朝辉，郭雅雯，等．国内外微生物肥料研究进展及展望 [J]．江苏农业科学，2019（10）：37–41.

③ 刘晓．微生物菌肥在农业生产中的应用研究 [J]．河南农业，2021（17）：14–15.

生物具有非常重要的意义。

一、供给二氧化碳

植物进行光合作用时需要二氧化碳，而土壤微生物恰恰可以供给二氧化碳。微生物可以引起有机质腐烂，有机质腐烂之后会产生二氧化碳。如果缺少微生物，有机质就难以腐烂；如果有机质不腐烂，就无法供给植物进行光合作用时所需的二氧化碳，植物也就不会生长[①]。

二、供给氮

在土壤的耕作层中，含有大量的氮，400 kg ≤每亩的含量≤ 1000 kg。每亩供给植物的氮只需 25 kg 便可使其得到良好的收成。通过计算可知，土壤中的氮可以供给植物利用的时间非常长，其中，大约 99% 属于有机态氮，是不能被植物利用的，植物只能利用仅 1% 的无机态氮化合物。

微生物可以对有机态进行分解，使其变为无机态氮，先供给自己，再供给植物。此外，微生物还可以将空气中的氮固定下来，这个作用非常重要。按一亩计算，空气中的氮是土壤中的一万多倍，含量相当巨大。空气中的氮不能直接为植物所用，而微生物可以固氮为植物所用，微生物能固定的氮有90% 左右，还能为土壤增加氮肥[②]。

土壤中还包含了很多有机态硫和磷，微生物对其进行分解之后就可以变为能被植物直接利用的养分，由此可见微生物的关键作用。

三、微生物参与的活动

（一）有机质的两个变化

在土壤中，腐殖质的形成与粪肥、厩肥、堆肥的腐烂过程，都必须有微生物参与。土壤进入有机质后，微生物会对其产生作用，即同时进行两个方

[①] 池景良，郝敏，王志学，等.解磷微生物研究及应用进展[J].微生物学杂志，2021（1）：1–7.
[②] 王佩瑶，张璇，袁文娟，等.土壤微生物多样性及其影响因素[J].绿色科技，2021（8）：163–164，167.

向的变化，如图 1-14 所示。

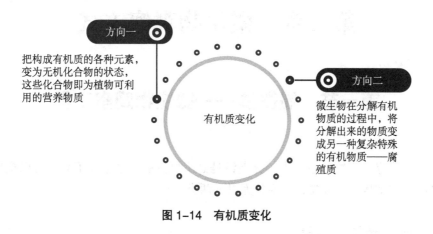

图 1-14 有机质变化

（二）腐殖质的作用

腐殖质可以提高土壤肥力，有非常多的作用。

（1）可以储存植物所需要的养料，是植物根部最直接的有机营养，能够促进植物根系的发育生长；

（2）可以促使土壤形成团粒结构；

（3）可以调节土壤中的酸碱度；

（4）可以增加土壤的保水能力；

（5）可以调节土壤水分的含量并促进空气的流通[①]。

厩肥、粪肥及堆肥在腐烂的过程中，会伴随着很多微生物的繁殖。积肥中的有机物质被微生物分解，并将其转化为非常优质的腐殖质肥料。同时，微生物将原来有机物质中的部分磷素、氮素及钾素变成植物可以利用的养料。

总之，土壤中有益的微生物非常多，具有很强的优势。为了使农作物获得高额的产量，怎样更好地利用土壤中的微生物来为农业生产服务，是我们研究的一个重要方向，菌肥是这个课题中非常关键的一部分。

---

① 刘晓. 微生物菌肥在农业生产中的应用研究 [J]. 河南农业，2021（17）：14-15.

第二章 微生物观察方式

第一节 显微镜——微生物观察工具

在研究微生物的过程中，显微镜是必不可少的一个重要工具。可以根据显微镜的结构进行分类，主要分为以下两类。

一、光学显微镜

光学显微镜可以分为很多种，根据其作用及原理的不同，主要有以下几种。

（一）普通显微镜

1. 观察对象

普通显微镜在所有的显微镜中最为常见，也是使用最广泛的显微镜，多用于观察染色的标本或透明的标本。

2. 光源要求

光源可以是普通的可见光、日光或灯光，普通显微镜主要通过一组透镜放大观察的标本[①]。

（二）相差显微镜

1. 观察对象

相差显微镜多用于观察不用染色且是活的微生物细胞，以及其内部的构造等，如鞭毛运动。

2. 光源要求

光源必须是高强度的超高压水银灯，通过一种特殊的集光器及相位物

① 孙文财. 微生物菌肥在农业生产中应用的必要性 [J]. 农业开发与装备，2021（4）：224–225.

镜，使光发生明暗反差。

（三）荧光显微镜

1.观察对象

荧光显微镜多用于观察标本中具有荧光现象的物体，如微生物体中的细胞核等。

2.光源要求

光源为紫外线光，通过特殊的滤色玻璃过滤掉可见光，把不可见的紫外线光照射到反光镜上，再由反光镜通过集光器聚合后投射到标本上，就可以发出荧光。

（四）偏光显微镜

1.观察对象

偏光显微镜多用于观察具有双折射体的标本，例如：

（1）岩石、金属及动物牙齿和骨骼等构造；

（2）微生物体中的脂肪及细胞分裂机制等。

2.光源要求

光源有可见光、单色光或锂光等。单色光包括黄光等，锂光包括红光。可以利用偏光镜的原理，将光源通过偏光镜投射于被观察的标本上，产生两种光，这两种光强度有所不同。

二、电子显微镜

利用特殊的电源所放出的电子流，以极快的运动速度通过所要观察的标本，通过粗透镜的放大作用，使电子作用于荧光板上，出现电子放大的物像。

相较于光学显微镜，电子显微镜具有许多优点。

（1）电子显微镜比光学显微镜的分辨率高很多。通常情况下，2500 倍 $\leqslant$ 放大率 $\leqslant$ $25\,000$ 倍，最好的可以达到 200 万倍；

（2）电子显微镜比光学显微镜的放大率高很多；

（3）电子显微镜可以观察到细菌及病毒内部超显微的结构，这些结构在光学显微镜下是观察不到的。

电子显微镜也有缺点，主要是不能观察活体细胞和活体细胞的结构[1]。

第二节　显微镜组成结构

显微镜的种类不同，其构造也存在差异，显微镜的基本构造可以分为光学系统和镜架两部分。

显微镜的构造如图 2-1 所示。

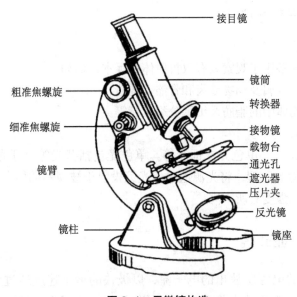

接目镜
镜筒
转换器
接物镜
载物台
通光孔
遮光器
压片夹
反光镜
镜座

粗准焦螺旋
细准焦螺旋
镜臂
镜柱

图 2-1　显微镜构造

一、镜架

（一）镜座

镜座就是显微镜的支柱，在最底部，形状像一个马蹄。

---

① 中国林业科学研究院分析中心. 现代实用仪器分析方法 [M]. 北京：中国林业出版社，1994：2.

（二）镜臂

镜臂整体呈现圆弧形，中腰是凹进去的，很方便携带。

（1）载物台：位于镜座的上端，和镜臂非常接近，镜检的标本可以放在载物台上。有的载物台能够旋转。在载物台的侧面有两个螺旋，能够使镜检标本和载物台在两个相互垂直方向之间移动，所以又称为十字动台，可以更方便地观察标本的不同部分。载物台上有两个标尺，用来标志检查标本的部位，在重复使用显微镜检查时更容易找到所需观察的部位[1]。

（2）弹簧夹：位于载物台上，并且是一对。当进行镜检时可以用来固定在载物台上。

二、镜筒

镜筒装在镜架的上部，下端装有特殊的转换器，转换器上固定了一个接物镜。接物镜一般有 4 个左右的镜头，镜检时能够转换使用。接目镜位于镜筒上口。

（一）粗准焦螺旋

粗准焦螺旋可以调整镜筒的上下位置，使镜筒上升或下降很大的幅度。当螺旋逆时针转动时，镜筒上升；顺时针转动时，镜筒下降。

（二）细准焦螺旋

细准焦螺旋也可以调整镜筒的上下运动。与粗准焦螺旋不同，细准焦螺旋是细微调节，每当转动细准焦螺旋一圈时，镜筒移动 0.1 mm[2]。

三、光学系统部分

光学系统部分由集光器、反光镜、接目镜及接物镜 4 部分组成。

---

[1] 中国林业科学研究院分析中心. 现代实用仪器分析方法 [M]. 北京：中国林业出版社，1994：3.

[2] 中国林业科学研究院分析中心. 现代实用仪器分析方法 [M]. 北京：中国林业出版社，1994：4.

（一）反光镜

反光镜能够将投射在上面的光线反射到集光器上。反光镜的两面都可以使用。

1. 凹面

在灯光者是白天放大倍数较小的时候，可以使用凹面。

2. 平面

在白天或放大倍数较大的时候，可以使用平面。

（二）集光器[①]

集光器能将反光镜反射的光聚集为一束，并直接送至标本所在的平面上。在集光器下部有虹彩光圈，可以根据虹彩的收缩或放大，对光线的明暗进行调整。

（三）接物镜

接物镜是显微镜中最主要的部分，由一组透镜组成。根据放大倍数进行区别，通常每架显微镜都搭配有 3 ～ 4 个接物镜，每个接物镜都刻有放大倍数。

（1）低倍镜：10×；

（2）高倍镜：20×、40×；

（3）油镜：100×。

（四）接目镜

接目镜在显微镜中占有第二重要的位置，由两块透镜构成，能够放大接物镜得到的物像，通常放大的倍数种数有 7×、10×、15× 等。

显微镜的放大倍率计算公式如下。

放大倍率 = 接目镜的放大倍数 × 接物镜的放大倍数，代入数值计算，例如：

（1）接目镜的放大倍数 = 15×；

（2）接物镜的放大倍数 = 100×；

（3）放大倍率 = 15×100 = 1500 倍，就是将所观察的微生物放大 1500 倍[②]。

---

① 中国林业科学研究院分析中心 . 现代实用仪器分析方法 [M]. 北京：中国林业出版社，1994：6.

② 李阜棣 . 农业微生物学实验技术 [M]. 北京：中国农业出版社，1996：5.

第三节　显微镜使用方式

显微镜的构造非常精细、复杂，是一种贵重仪器，因此要谨慎、小心地保护。在使用的过程中要轻拿轻放，格外注意。

一、确定光源

因为直射的光会对显微镜的光学系统部分造成损坏，有损镜头和眼睛，所以显微镜在使用时要避免利用直射的阳光，可以利用侧面射来的散射光。通常情况下，采用北面窗户摄入的自然光最为适宜，夜间可以使用显微镜光或电灯[①]。

调节反光镜的位置，使光线反射到集光器上，利用集光器调整好光线的强度。确定光源后，在显微镜的载物台上放置标本，并从两边压住标本并用弹簧夹子夹住，先用接物镜10×观察标本。

二、镜检过程

镜检的过程主要有以下几个步骤。

（1）镜检时先把接物镜靠近标本；

（2）逆时针方向旋转粗准焦螺旋，使接物镜远离载物台；

（3）眼睛通过接目镜进行观察，当物像出现在视线中时，调整细准焦螺旋直至物像清晰。

在镜检过程中要注意不能往下调节接物镜，否则标本就会被接物镜前端的透镜压碎，接物镜前端的透镜也会受到损坏。

在转换接物镜时，一定要把观察的部位置于视线中心，之后再转动转换器。一般情况下，当转换另一个接物镜时，如果标本还在焦点的位置上，那么只需稍微调整细准焦螺旋，即可以清晰地看到标本[②]。

---

① 中国林业科学研究院分析中心 . 现代实用仪器分析方法 [M]. 北京：中国林业出版社，1994：8.

② 中国林业科学研究院分析中心 . 现代实用仪器分析方法 [M]. 北京：中国林业出版社，1994：10.

（一）压滴标本的制作

（1）在载物玻片的中央，用吸管或白金耳放上一滴被检材料，被检材料可以是细菌的 0.9% 氯化钠溶液浮游液或肉汤培养物等；

（2）用盖玻片压上，勿使其产生气泡，以免妨碍检查。用这个方法进行镜检，可以使用高倍镜，同时稍降低集光器或缩小虹彩；

（3）因为材料易干，所以应迅速以干燥镜进行，这样可以在显微镜下见到灰暗背影中处于不同位置的活细菌。

（二）悬滴标本的制作

采用带有圆凹穴的载物玻片和中盖玻片，其制作步骤如下。

（1）取洁净的凹窝玻片，用火柴杆在周围薄薄地涂一层凡士林；

（2）用无菌白金耳钩取液体培养基中的细菌置于盖玻片中心，然后将盖玻片翻转使水滴向下；

（3）悬盖于凹窝玻片的凹窝上，同时轻轻加压，使盖玻片和凹窝周围的凡士林边缘完全接触，此时菌液悬浮于凹窝中间。

（4）检查的时候先将光圈缩小，用低倍物镜找到悬滴边界线，然后将其移到视野中心；

（5）上下移动集光器，使光线处于合适强度，获得适当光亮；然后换以高倍镜，用小螺旋调节至检查物清楚为止。

（6）检查完毕后，如致病细菌，应放在消毒水内，然后煮沸，清洗干净。

（7）有运动性的细菌，可以变换位置游来游去，若不离开原位置上下左右跳动，叫作分子运动。

三、使用油镜注意事项

油镜在使用时，需要注意的事项如下。

（1）滴一滴香柏油于盖玻片和接物镜之间；

（2）将盖玻片置于载物台上，并用夹板固定；

（3）双眼从侧方注视镜头，用右手转动粗准焦螺旋，使镜筒缓缓下降至镜头刚好与油面接触，刚好没入为止；

（4）用左眼自接目镜中观察，与此同时，缓缓转动粗准焦螺旋，使镜筒上升；

（5）待看到模糊影像时，再改用细准焦螺旋上下调节，直到获得清晰物像为止。

（6）必要时，还可以继续调整光线，以获得适宜的亮度。

（7）镜检之后，由于纯汽油或二甲苯对粘在透镜上的物质有溶解作用，需要立刻使用浸有这两种物质的擦镜纸或软布细心抹去接物镜上的香柏油①。

四、显微镜的保护方法

显微镜的保护方法如图 2-2 所示。

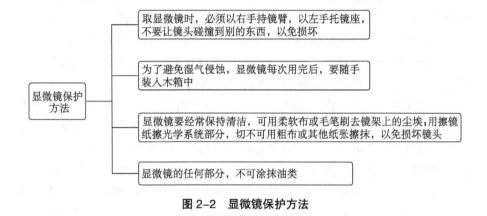

图 2-2　显微镜保护方法

第四节　显微镜测量方法

一、目镜及载片测微针

用显微镜测量微生物的大小时，可以使用载片测微计及目镜测微计测量。

① 中国林业科学研究院分析中心. 现代实用仪器分析方法 [M]. 北京：中国林业出版社，1994：11.

目镜测微尺是一块圆形玻片，其中央刻有一条等分线，划分了 100 格。载片测微尺在载片上，其中央同样刻有一条等分线，长为 1 mm，划分了 100 格，每格是 10 μm。

二、测量过程

测量时需要经过以下几个过程。

（1）用载片测微计对目镜测微针每格长度进行校准。此时，从显微镜的镜筒中拔出接目镜，再将上端的透镜旋开，在夹层中将目镜测微针装入。需要注意等分线必须向下，然后再旋好上端的透镜，并插入镜筒中。

（2）在显微镜的载物台上放好载片测微计，载片上的等分线必须位于视野中央，观察显微镜，调节焦点，对准载片测微计及目镜测微针的等分线。

调节的时候，先旋转接目镜，使得载片测微计与目镜测微针上的等分线相互平行，再计算目镜测微针上每格相当于载片测微针的几格。如果两者的刻度是一致的，则在这种接物镜和接目镜的倍数下，可以知道：

目镜测微针的每一格 = 0.01 mm，如果目镜测微针上的 50 格 = 载片测微针上的 10 格，则目镜测微针上的每一格 = 2 μm，剩下的可以以此类推。同时，记录目镜测微针在各种不同倍数的接物镜及接目镜下校准的结果。对微生物进行测量时，根据目镜测微针的测量结果，可以迅速计算出微生物的大小。

知道了目镜测微针每格的长度之后，在对微生物进行测量时，将载片测微针去掉，将需要测量的标本放上去，测量的部分一定要处于视野中间，观察测量的微生物长度相当于目镜测微针的几格。

例如，目镜测微针的每格 = 4 μm，被测量的微生物长度 = 2 × 目镜测微针，则其长度为 $2 \times 4 = 8$ μm[1]。

---

① 中国林业科学研究院分析中心. 现代实用仪器分析方法 [M]. 北京：中国林业出版社，1994：12.

第五节　微生物染色方法

在显微镜下直接观察微生物细胞，因其大部分都是透明的，详细的内部结构难以观察到。因此，通常都会将微生物细胞先进行染色，再进行检查，最后使用油镜对其进行观察。有些微生物针对不同的染料会出现特殊反应，因此，在区分微生物时，也可以根据它们对染料的反应进行判断。

染料的染色方式及种类非常多，经常使用的染料及染色方法有以下几种。

一、单染色法

顾名思义，单染色法就是仅使用一种染料对微生物进行染色。单染色法还可以叫作普通染色法，也是平时使用最多的一种方法。通常情况下，会使用复红液、亚甲蓝液及甲基紫液对微生物进行染色。

（一）复红液

复红液染色效果较为持久，是一种非常理想的红色染料，微生物可以被其染成深红色。制备复红液的时候，需要在 100 mL 96% 的酒精中溶解 10 g 碱性复红，制成饱和溶液。准备使用时再用蒸馏水将其稀释 10 倍即可 [1]。

（二）亚甲蓝液

微生物可以被亚甲蓝液染成浅蓝色。制备亚甲蓝液的时候，需要在 100 mL 96% 的酒精中溶解 3 g 亚甲蓝，制成饱和溶液。静止放置数天，用吸管吸取 1 mL 饱和溶液并用 30 mL 蒸馏水进行稀释，使其成为浓度为 $\dfrac{1}{1000}$ 的溶液 [2]。

---

① 李卓棣. 农业微生物学实验技术 [M]. 北京：中国农业出版社，1996：32.

② 王岳，金章旭. 菌肥及其制造与使用 [M]. 福州：福建人民出版社，1962：22.

（三）甲基紫液

微生物可以被甲基紫液染成淡紫色。制备甲基紫液的时候，需要在100 mL 96%的酒精中溶解使其成为饱和溶液的克数的甲紫。在微生物研究中，甲基紫液被广泛使用，是一种非常好的染料。

二、复染色法

复染色法就是在对微生物进行染色时，使用两种以上的染色液对其进行染色。其中，第一次染色使用的染料称为初染剂，第二次染色使用的染料称为复染剂。

微生物因其本身性质的区别，对染料的反应也有所不同。研究微生物时，经常用这种染色的方法对各种细菌进行鉴别。因此，这种染色的方法也叫鉴别染色法。普通实验室经常使用的就是革兰氏染色法。染色液的配方如下。

（一）初染剂——甲基紫液

（1）甲基紫：0.2 g，95%的酒精：20 mL；

（2）草酸铵：0.8 g，蒸馏水：80 mL；

把上述的（1）和（2）两种液体混合起来就制成了甲基紫液。

（二）媒染剂——革兰氏碘液

碘：1 g，碘化钾：2 g，蒸馏水：30 mL。配制时，可以按照以下步骤进行。

（1）在2 mL的蒸馏水中溶解2 g碘化钾；

（2）加入1 g碘，用力摇匀，使碘充分溶解在碘化钾溶液里；

（3）将剩下的蒸馏水加进去。

需要注意的是，一定要按照以上步骤进行配制，不能直接在30 mL的蒸馏水中加入碘化钾和碘，否则碘很难溶解。

革兰氏碘液被称为媒染剂，是因为革兰氏碘液是一种很浓的储备液，作用是在菌体上将染料固定。在使用前，先用吸管吸出一点革兰氏碘液，稀释10倍以后就可以使用，通常情况下可供使用两个星期。需要注意的是，稀释的碘液一定不能久置，否则很容易变质。变质后的革兰氏碘液就没有效用了[①]。

（三）脱色剂及石炭酸复红液

（1）脱色剂

使用 95% 的酒精即可完成脱色。

（2）石炭酸复红液

①甲种液：碱性复红饱和酒精溶液 10 mL；

②乙种液：5% 石炭酸水溶液 90 mL。

把上述的①和②两种液体混合起来就制成了石炭酸复红液。用这种方式配制的染色液只能作为储备液，因为其浓度太高，用的时候需要先吸取 10 mL，并加入 90 mL 的蒸馏水，稀释成稀石炭酸复红液。

（四）普通染色步骤

普通染色主要有以下几个步骤。

1. 涂片

使用没有沾有油脂且十分干净的载玻片，以保证涂片不会出现厚薄不均匀的情况。使用普通的载玻片即可。

在使用载玻片之前先进行细致的检查，如果上面有油脂，可以使用以下两种方法进行处理。

（1）用被煮沸的肥皂水进行冲洗，并用布擦干备用；

（2）把干净的载玻片放置在 50% 的酒精中，在使用时再取出来擦干，很方便。

涂片的时候，先在载玻片中心用接种环移种一滴液体培养物在上面。如果是固体培养，可以先在载玻片上加入一滴 0.9% 氯化钠溶液或无菌水，再用接种环挑取少量培养物，混合后涂成均匀的薄膜[②]。

2. 干燥及固定

涂片之后，可自然干燥，也可以用远火微微加热载玻片。需注意在微热的时候，要将载玻片慢速轻略过火焰上方，手刚刚感觉不到热最适宜。干燥后将涂片一面向上，再在火焰上慢速轻略过 3 次。因活细胞比死细胞更难染

---

① 康白. 微生态学 [M]. 大连：大连出版社，1988：33.

② 莱阳农学院土壤肥料教研组. 菌肥 [M]. 济南：山东科学技术出版社，1978：33.

色，如此操作，能使细菌粘在载玻片上并将其杀死。

3. 染色

固定标本之后，就可以用染色液进行染色。单染色法用于一般形态的检查，复染色法用于鉴别细菌性质。

（五）复染色法步骤

单染色法比复染色法简单，用一种染色液染色即可。复染色法比较复杂，有初染、媒染、脱色及复染等好几个步骤，才能将染色的全部过程完成。

在染色的时候要注意，将载玻片用夹子固定，并使其保持在水平的状态，这样在染色的时候就不会流散，可以更好地注入染色液。整个涂片都要被染色液铺满，但不能太多，避免浪费。根据染料的性质，在染色的过程中，可以根据情况进行加热，使标本着色更加容易。需要注意的是，在加热的时候，不能使载玻片上的染色液被蒸干。

通常情况下，染色需要十几秒到十几分钟。倒去染色液，用细流对载玻片上的染料进行冲洗，后用滤纸吸干水分，即可放在显微镜下进行观察。

在复染色法中，革兰氏染色法是最为常用的方法，其步骤如图2-3所示。

1.将甲基紫液加在已固定好的细菌涂片上染色1 min

2.倒掉甲基紫液，用水冲洗后，再加革兰氏碘液染色2 min，使甲基紫染料能够固定在菌体上

3.用水洗后，加95%酒精脱色约2 min，稍微摇动玻片，直至标本上无紫色继续脱落为止

4.水洗后用稀石炭酸复红液复染0.5 min

5.先用水洗，后用滤纸吸去载玻片上的水分，待干燥后即可镜检

图2-3 革兰氏染色法

所有细菌经过革兰氏染色法后，可以分为以下两种。

1. 革兰氏阳性

碘液将甲基紫染料固定在菌体上，即染成紫色。

2. 革兰氏阴性

碘液不能将甲基紫染料固定在菌体上，即染成红色。

在染色的过程中要注意关键的一点，即如果酒精脱色的时间太长，原本是革兰氏阳性的细菌也有可能被误认为是阴性的细菌；如果酒精脱色的时间太短，原本是阴性细菌也有可能因为脱色不足而被误认为是阳性的细菌[1]。

对于脱色时间的长短没有硬性的规定，随着涂片的厚度，酒精加入量的多少、脱色的时候摇动时间的速度等的不同而有所区别。

（六）观察微生物的自然排列

观察微生物的自然排列，如观察放线菌及霉菌形态，需要使用捺印标本法，而不是涂片法。捺印标本法是取一块盖玻片，轻按在带有菌落的固体培养基上。在这个过程中不要移动盖玻片，之后再取一块清洁的载玻片，在玻片的中心部位滴一滴染色液，最后把印好的盖玻片轻盖在载玻片上就可以染上色。在精确操作后，即可得到菌落确实的痕迹，就可以观察到微生物的排列方式。

① 　沈其荣. 土壤肥料学通论 [M]. 北京：高等教育出版社，2001：10.

第三章　微生物的营养

通过之前的知识，我们了解到微生物在经济社会发展中的作用是不可忽视的。那么，是否可以用人工的方法培养更多、更好的微生物呢？实践证明是完全可以的。

所谓培养微生物，就是为微生物提供良好的基本营养物质、环境条件及宜于生长繁殖的培养基。

第一节　微生物的化学成分及营养

微生物是一种有生命的生物，虽然很小，但也由一定物质组成。它的化学组成与其他生物体的化学组成非常相似，含有磷、钾、硫、碳、氮等元素。这些元素组合成各种化合物，也构成了微生物体中的水、有机物质及少量的无机物质。

一、水分

在微生物中，水是主要的成分，细胞体中水占有很大的比例。微生物细胞中的物质大部分都会溶解在水里，并在水里进行物质的化学变化。因此，一定要有水，微生物才能正常生长繁殖。

微生物细胞的含水量根据其种类不同而有所区别，如 $80\% \leqslant$ 细菌平均含水量 $\leqslant 85\%$，$70\% \leqslant$ 霉菌平均含水量 $\leqslant 80\%$。然而，微生物体内的含水量是经常变化的，生活环境及发育年龄不同，其含水量也会变化，时多时少。

例如，培养 4 天的灵杆菌，其含水量是 79.02%；培养 16 天的含水量是 85.55%。酵母菌生长的温度不同，其含水量也不同，在 20 ℃下含水量为 91.2%；在 43 ℃下含水量为 74%。细菌芽孢中的含水量比一般细胞体要明显减少，使芽孢能够更好地适应各种环境因素的变化[①]。

水分除了参加细胞的组成外，微生物吸收其他营养物质和排泄废物时也都需要水，因此，微生物的生命活动离不开水。在培养微生物时，一般可以用自来水或井水，在特殊情况下则要用蒸馏水。

二、有机物质

微生物细胞中除了水分外，还有一些干物质，这些干物质约占 15% ～ 25%，主要为有机物质和无机物质。有机物质中主要包含糖、蛋白质、脂肪。在微生物细胞中，干物质所占比例为 90% ～ 97%。

（一）糖

糖的功能主要包含以下两种。

（1）糖是细胞构造的组成部分，如荚膜、细胞壁都是由糖组成的。

（2）储藏营养物质，如淀粉等。

各种微生物中糖的含量都不一样，通常情况下，糖占干物质的 10% ～ 30%。

（二）蛋白质

蛋白质是微生物体内的主要成分之一，也是微生物生命的基础。通常情况下，细胞中的干物质有一半都是蛋白质，最高可达 70% 以上，最少在 14% 左右。在微生物的细胞中，蛋白质主要以以下两种形式存在。

（1）构成细胞本身的蛋白质；

（2）储藏的营养物质。

（三）脂肪

在干物质中，$1\% \leqslant$ 脂肪含量 $\leqslant 3\%$，是细胞内部储藏的物质，也是组成原生质膜的成分，部分细胞通过显微镜能够观察到一小滴油。随着外部环境不断变化，微生物的脂肪含量也会随之发生变化。

---

① 王佩瑶，张璇，袁文娟，等. 土壤微生物多样性及其影响因素 [J]. 绿色科技，2021（8）：163-164，167.

在含糖量很高且含氮量比较少的培养基里培养微生物时，可以促使脂肪不断累积，甚至能达到 50%。如果是在含糖量非常少且含氮量又很高的培养基中培养微生物时，细胞里的脂肪累积得就很少。

此外，还有一些含量较少的有机物，如生长激素、维生素及色素等，它们都是一些微生物特有的物质，不可或缺。

三、灰分元素

将微生物细胞里的干物质烧成灰，这些灰中也含有一些元素，可以称之为灰分元素。灰分元素的含量不是很多，3% ≤灰分元素含量≤ 10%。在所有灰分元素里，含量比较高的有钾、磷，次之的是钠、钙、镁等，最后是锌、硼、铜等。

关于固氮菌细胞物质中的灰分元素含量，如表 3–1 所示。

表 3–1　固氮菌细胞物质中的灰分元素含量

灰分元素	P_2O_5（五氧化二磷）	SO_3（三氧化硫）	K_2O（氧化钾）	Na_2O（氧化钠）	MgO（氧化镁）	CaO（氧化钙）	Fe_2O_3（三氧化二铁）
含量	4.95%	0.29%	2.41%	0.07%	0.82%	0.89%	0.08%

在通常情况下，表示灰分元素中各种元素的含量时，可以用以上化合物予以表示。需要注意的是，元素并不单纯以这些化合物形式存在于灰分元素中[①]。

四、微生物营养

通过以上微生物的化学组成，我们可以充分了解到微生物的生长与繁殖离不开的元素。通常情况下，微生物的营养需要灰分元素的物质，以及氮、碳和能够刺激微生物生长的物质。

---

① 孙霞，刘扬，王芳，等 . 固定化微生物技术在富营养化水体修复中的应用 [J]. 生态与农村环境学报，2020（4）：433–441.

（一）灰分元素

对灰分元素来说，微生物虽对其需要量非常少，它却是组成微生物体内很多物质的重要成分，不可或缺。例如，组成蛋白质的关键成分之一就是硫。在灰分元素中，硫和磷的重要性排在第一位，其次才是铁、钾、钙、镁等。

（二）碳素营养物

在生物的营养元素中，碳素是一种非常主要的元素，也是无处不在的。在微生物体内，所有有机物质中都有碳素。只要化合物中含有碳，在进入微生物体内后就会被同化为体内的一部分。同时，微生物还与含碳的化合物进行氧化反应，从而产生能量，为生命活动提供充足的能量。

各种微生物所需的碳化合物是有区别的，如图 3-1 所示。

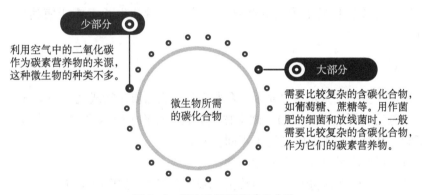

图 3-1　微生物所需的碳化合物

（三）刺激微生物生长的物质

微生物还需要一些对生长有刺激作用的物质，如固氮菌需要硼、钼等。这些元素的需要量可能仅仅是灰分元素的几百分之一、几千分之一，却是非常重要的。因为这些元素在微生物的生长过程中，发挥着不可忽略的刺激作用，可以有效促使微生物生长，加速其生长与繁殖的速度[①]。

---

① 孙文财.微生物菌肥在农业生产中应用的必要性 [J].农业开发与装备，2021（4）：224-225.

生长素大都是维生素之类的物质，目前已发现的有 20 多种，常见的有以下这几种。

（1）维生素 B_1；

（2）生物素；

（3）核黄素；

（4）嘌呤；

（5）嘧啶等。

它们大都是酶的组成成分，培养基中只要有极微量的生长素就够用。通常情况下，主要由以下物质来供应。

（1）酵母膏；

（2）麦芽汁；

（3）动物脏腑。

缺乏合成生长素能力的微生物，供应一定量的生长素才能使其生长得更好。

（四）氮素营养物

在蛋白质中，氮是主要元素。众所周知，蛋白质是构成生命的基本物质，因此，氮的重要性不言而喻。微生物对氮素营养物的需求很大，且因微生物的不同，其对氮素来源的利用也不同。例如：

（1）蛋白质是复杂的含氮化合物；

（2）有的微生物利用空气中的氮作为氮素营养物，如根瘤菌与自生固氮菌。

根据其来源，含氮物质也可以分为以下两种。

（1）无机态氮，如固氮微生物利用空气中的分子态氮；酵母菌、霉菌和多种细菌利用的铵盐、硝酸盐等。在生产上常用的无机态氮有以下几种。

①硫酸铵；

②硝酸钾；

③尿素等。

（2）有机态氮，包括蛋白质、蛋白胨、各种氨基酸等。常用的有机态氮有以下几种。

①豆饼粉；

②麸皮；

③玉米浆；

④鱼粉；

⑤蚕蛹粉等[1]。

第二节　制备培养基

为了促进微生物的生长与繁殖，就需要为其制备合适的物质作为营养料，以满足需求。

一、什么是培养基

（一）培养过程

只有培养微生物，才能研究微生物。因此，为微生物提供良好的生长环境和充足的营养条件非常重要，使其在合适的条件及环境中能够很好地繁殖和生长，这就是培养的过程。

（二）培养基

培养基就是用适当物质配制的微生物营养料。培养基的成分非常多，有氮素、碳素等基本元素，还有灰分元素、刺激微生物生长的微量元素等。

培养基可以分为以下两种。

1. 液体培养基

把微生物需要的营养料溶解于水，成为液体状态；如果不溶解于水中，就会变成混悬液。

2. 固体培养基

在液体培养基的基础上完成，即在其成分中加入凝固剂则成为固体培养基。

最常用的凝固剂是琼脂，也叫冻粉，是从海生的石花菜中熬煮出来的多

---

[1] 王文章，崔永庆 . 世界无机肥料生产和应用的现状及发展趋势（综述）[J]. 宁夏农业科技，1981（6）：47–49.

糖类物质。通常情况下，不会被微生物吸收利用，在 100 ℃时溶解，40 ℃时冷却，变成固体。

在实践中，将熔化的固体培养基装入试管制成斜面培养基，用来培养和保存菌种；也可以将熔化的固体培养基倒入培养皿中凝固成平板，用来培养分离或纯化菌种[①]。

二、培养基成分

在炎热的夏天，我们吃剩的饭菜有时在下次吃时会有馊味，过 1 ～ 2 天还会发霉长毛，这是什么原因呢？

这是因为饭菜里有一定的水分和养分，微生物利用这些营养条件进行生长繁殖。

这种为微生物创造适当环境和营养条件，使其能够很好地生长繁殖的过程叫作培养。把微生物所需要的各种营养物质配合在一起，制成固体、半固体和液体的微生物营养料叫作培养基。

培养基是培养好微生物的重要条件。根据微生物的不同，选择不同的成分并进行配制，配制完成的培养基更适合微生物的生长与繁殖。可以通过制备时所需原料的不同，对培养基进行分类。

（一）复杂有机培养基

复杂有机培养基的主要成分是天然物质。一般使用最多的就是肉汤培养基，它的主要成分如表 3-2 所示。

表 3-2　复杂有机培养基成分

成分	牛肉	肉膏	蛋白胨	氯化钠（NaCl）	磷酸氢二钾（K_2HPO_4）	水	酸碱度
用量	500 g	3 g	10 g	5 g	1 g	1000 mL	pH = 7.2 ～ 7.6

---

① 任友花，王羿超，李娜，等 . 微生物肥料高效解磷菌筛选及解磷机理探究 [J]. 江苏农业科学，2016（12）：537-540.

在 15 磅压力下灭菌 20 min，复杂有机培养基的制备流程如图 3-2 所示。

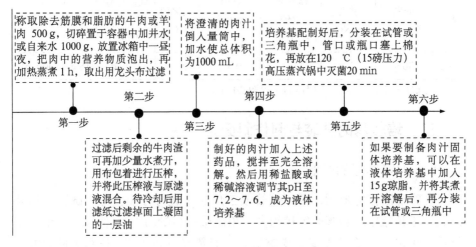

称取除去筋膜和脂肪的牛肉或羊肉 500 g，切碎置于容器中加井水或自来水 1000 g，放置冰箱中一昼夜，把肉中的营养物质泡出，再加热蒸煮 1 h，取出用龙头布过滤

第一步

过滤后剩余的牛肉渣可再加少量水煮开，用布包着进行压榨，并将此压榨液与原滤液混合。待冷却后用滤纸过滤掉面上凝固的一层油

第二步

将澄清的肉汁倒入量筒中，加水使总体积为1000 mL

第三步

制好的肉汁加入上述药品，搅拌至完全溶解。然后用稀盐酸或稀碱溶液调节其pH至7.2～7.6，成为液体培养基

第四步

培养基配制好后，分装在试管或三角瓶中，管口或瓶口塞上棉花，再放在120 ℃（15磅压力）高压蒸汽锅中灭菌20 min

第五步

如果要制备肉汁固体培养基，可以在液体培养基中加入15 g琼脂，并将其煮开溶解后，再分装在试管或三角瓶中

第六步

图 3-2　复杂有机培养基的制备流程

（二）简单合成培养基

简单合成培养基是用简单化学药品进行配制而成。主要分为以下两类。

1. 天冬素培养基（葡萄糖）

其主要成分如表 3-3 所示。

表 3-3　天冬素培养基成分

成分	葡萄糖	天冬素	磷酸氢二钾（K_2HPO_4）	琼脂	水
用量	10 g	0.5 g	0.5 g	15 g	1000 mL

注：pH = 7.8，15 磅压力下灭菌 20 min。

2. 察氏培养基

其主要成分如表 3-4 所示。

表 3-4　察氏培养基成分

成分	蔗糖（葡萄糖）	硝酸钠（NaNO₃）	磷酸氢二钾（K₂HPO₄）	硫酸镁（MgSO₄·7H₂O）	氯化钾（KCl）	硫酸亚铁（FeSO₄·7H₂O）	琼脂	水
用量	30 g	2 g	1 g	0.5 g	0.5 g	0.01 g	15 g	1000 mL

注：pH = 7.2 ～ 7.6，15 磅压力下灭菌 20 min。

三、培养基的分装与制作斜面培养基

（一）培养基的分装

培养基制作完成后，需用试管或三角瓶来进行分装，每支试管大约装 5 mL，三角瓶中培养基的容量约占三角瓶整体容量的 1/2。例如，一个三角瓶是 500 mL，那么培养基约装 250 mL，且需经过高压蒸汽进行灭菌后方可使用[①]。培养基的分装如图 3-3 所示。

图 3-3　培养基的分装

[①] 荆晓姝，丁燕，韩晓梅，等 . 联合固氮菌的合成生物学研究进展 [J]. 微生物学报，2021（10）：3026-3034.

（二）制作斜面培养基

将培养基分装在试管里，灭菌之后把试管倾斜，使培养基的面积扩大，待培养基凝固之后就可以制作完成斜面培养基。斜面培养基可以用来接种纯种，能够更好地保存菌种。斜面培养基的分装方法主要有以下 7 个步骤。

（1）将直径大约为 10 cm 的漏斗放置在铁架上的铁环里，如图 3-3 所示；

（2）用一个长约 5 cm 的橡皮软管接于漏斗下端，并在橡皮管下端再接一个玻璃管。为了方便分装，还需要在橡皮管中间夹一个弹簧橡皮管夹子；

（3）在漏斗中倒入培养基，进行分装；

（4）在玻璃管下端接上 1.5 cm × 1.5 cm 的试管，压开橡皮管夹的弹簧，往试管里缓缓注入培养基，每管大约 5 mL。

（5）注入培养基后，需用棉花塞住试管口，棉塞长度要合适，约为 4 cm。紧密度合适，且厚薄也要相同。棉塞不合适就会出现以下情况。

①过紧：空气流通被阻碍；

②过松：空气进入试管没有阻碍，会很容易出现杂菌污染的情况。

（6）棉花塞好后，可以采用高压蒸汽进行灭菌；

（7）灭菌后的琼脂试管，趁热以合适的斜度置于木棒之上，使试管壁和培养基恰好成一个斜面。需要注意的是，不要接触棉花塞，待到冷却凝固之后就可以成为琼脂斜面[①]。

四、培养基的选择

（一）选择培养基的成分区别

在培养微生物时，由于微生物的种类不同，营养特点也不同，因此，选择和确定培养基的成分也有所不同。可以对细菌和放线菌进行比较。

1. 细菌

细菌通常要求在氮源比较丰富的培养基上生长，其培养基的成分主要有以下 6 点。

---

① 张德远 . 施用无机肥料与防止生态环境污染 [J]. 江西农业大学学报，1985（A2）：79-81.

（1）牛肉膏：0.5%（氮源、碳源、生长因素）；

（2）蛋白胨：1.0%（氮源、碳源、生长因素）；

（3）氯化钠：0.5%（矿物质元素）；

（4）琼脂：2.0%（凝固剂）；

（5）水：1000 mL ；

（6）酸碱度：7 ～ 7.5 ；

2. 放线菌

放线菌通常在淀粉合成培养基上生长较好。

3. 酵母菌及霉菌

培养酵母菌及霉菌，通常需要由较多的碳和氮配制成的培养基。

（二）选择培养基

选择培养基时，有时还应根据科学试验及生产实践的需要而定。主要分为以下两种培养基。

1. 一般性的选择培养基

一般性的选择培养基可使真菌和细菌分开，或通过革兰氏反应，用一种染色方法将细菌分成两个类型，将不同的细菌分开。

例如，要把细菌从真菌中分离出来，可在培养基中加入 1 ：（5 万～ 20万）的结晶紫，也就是医药中我们常用的甲紫，可以抑制多数真菌及革兰阳性反应的细菌生长。

2. 特殊性的选择培养基

特殊性选择培养基，是在筛选分离某一类微生物时，采用改变碳源、氮源的方法，使某些微生物能优势生长，使另一些微生物不能生长。

例如，在培养豆科根瘤菌时，可选择最好的碳源甘露蜜醇作为培养基，以促进豆科根瘤的生长，抑制其他微生物的生长。

第三节 检测及调节培养基酸碱度的方式

一、检测培养基酸碱度

在微生物的生长与发育过程中，培养基的酸碱度，即 pH 值对其影响极大。通常情况下，在中性或弱碱性的培养基中，细菌更容易繁殖，即 pH = 7.0 ～ 7.4。因此，在配制培养基时，需要检测培养基的酸碱度是否合适。

检测培养基酸碱度的方式非常多，最常用的检测剂是混合指示剂溶液，以下为所需材料和制作步骤。

称取溴甲酚绿 0.25 g、溴甲酚紫 0.25 g、甲酚红 0.25 g。

将这 3 种药品置于研钵中，在条件允许的情况下，使用玛瑙研钵是最合适的。然后加入 5 mL 的蒸馏水一起研磨，再加蒸馏水稀释至 1000 mL。制成的混合指示剂溶液在不同 pH 值下的变色范围如表 3-5 所示。

表 3-5 变色范围

pH	4.0	4.5	5.0	5.5	6.0	6.5	7.0	8.0
颜色	黄	绿黄	黄绿	草绿	灰绿	灰蓝	蓝紫	紫

检测方法有 3 种：

（1）在干净的试管里加入 5 mL 的培养基、0.5 mL 的混合指示剂溶液，进行振荡，比较所呈现出来的颜色与标准的 pH 值溶液的颜色，如果与标准的 pH 值溶液中的一个颜色是相同的，那么这个 pH 值就是培养基的 pH 值。对于标准的 pH 值溶液的详细配制方法在附录中可进行参考[1]。

（2）把培养基滴在白瓷色盘上，并滴入 1 ～ 2 滴指示剂，用玻璃棒进行搅拌，将搅拌后的颜色与标准色进行对比，得出 pH 值。

---

[1] 马骢毓. 民勤退耕区次生草地土壤微生物多样性研究及优势植物根际促生菌资源筛选 [D]. 兰州：甘肃农业大学，2017：34.

（3）混合指示剂溶液在缺少药品无法完成配制的时候，也可以从正规医药公司直接购入万用指示纸，并在指示纸上滴上培养基，待指示纸的颜色发生变化，通过指示纸在不同 pH 值中呈现的颜色，确定 pH 值。

二、调节培养基酸碱度

配制的培养基的 pH 值＜规定的 pH 值，则是酸性，需调节至要求的 pH 值，可以加入 0.05 N 的氢氧化钠，分多次少量加入，以免调节过度。可一边加入一边用指示纸或混合指示剂溶液对培养基的 pH 值进行测定。

配制 0.1 N 氢氧化钠溶液，需要在 100 mL 的蒸馏水中溶解 0.4 g 氢氧化钠进行配制。

配制 0.05 N 的氢氧化钠溶液，需要在 100 mL 的蒸馏水中溶解 0.2 g 氢氧化钠进行配制。

第四节　微生物接种及纯培养

在自然界中，微生物无处不在，且都是各种微生物混合在一起。想要研究或利用某一种微生物时，就要从微生物中进行分离。

分离之后再进行纯化，纯化的意思就是培养基中未与其他微生物进行混杂，单有这一种微生物生长。

微生物分离出来后，若要保存、繁殖，就需要进行移种或接种，如培养菌肥里的细菌，主要流程就是：分离—纯化—保存[①]。

一、微生物纯培养方法

在生产的整个过程中，最关键的就是保持纯培养。因此，在微生物的工业应用中，最重要的就是不能混杂别的菌种，保持纯培养，其方法主要有以下两种。

---

① 万书波 . 中国花生栽培学 [M]. 上海：上海科学技术出版社，2003：25.

（一）琼脂平板划线法

通常已经分离且得到较纯培养的微生物比较适合该方法，但还不够纯，需要对其再次进行纯化，达到完全纯的培养。该方法也可以用于选种，以便得到高效力的菌种；也可以用于被纯化的菌种中还依然存在杂菌的情况，需要进一步纯化。

将接种针烧过后，蘸取少量细菌混合液，在灭菌培养皿内的培养基上依次连续画线，琼脂平板表面划线法如图 3-4 所示。

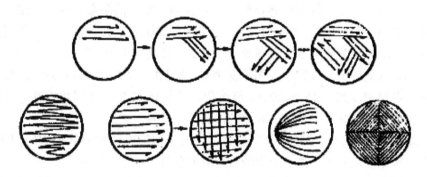

图 3-4　琼脂平板表面划线法

方法步骤如下。

（1）拿接种针蘸取细菌混合液，在凝固培养基面涂一小点；

（2）用灭菌接种针从这个小点划一条直线，然后根据上图所示连续画线，划到最后就可能只有单个细菌落在培养基面上，这些单个细菌将在培养基面上分别生长成为单独菌落。

（二）倾碟法

倾碟法主要有以下几个步骤。

（1）取几支试管，量取大约 9 mL 的无菌水，用左手的食指与大拇指拿住其中一支试管，使其几乎成水平位置，避免试管中落入空气中的杂菌。

（2）用右手拔出棉花塞子并用手指夹住，使塞在试管内部的棉花不会被其他东西污染，也不会碰到手。

（3）用火微烧试管口，并在该试管中加入需要分离的样品，如 1 g 土壤。

（4）再用火烧试管口，塞上棉花，小心摇动试管，使水与样品混合，切勿使棉花塞被水沾到。

（5）在混合的时候，把试管放在两掌之间来回转。待混合之后，取出第二支盛有无菌水的试管，与第一支试管一起用食指、中指和左手大拇指拿住，使两试管相互平行，并成水平位置。

（6）右手取出一个灭菌吸管，并以无名指和右手小指拔出棉花塞，将试管口和吸管掠过火焰，在火焰附近用吸管由第一试管吸出 1 mL 土壤混悬液移到第二试管中。

（7）放下吸管，同时再将试管口通过火焰，塞上棉花塞。待第二试管内的水混合后，采用同样方法，由第二试管接种到第三试管。可以一直使用这种稀释方法，通常情况下，稀释到 5 ～ 6 支试管就能达到所需要的稀释度。

（8）从最后 3 个试管中，用一支 1 mL 灭菌的吸管吸取 1 mL 溶液，放入灭菌培养皿中。倒入 15 ～ 20 mL 已熔化并冷却到 42 ℃的琼脂培养基，待凝固后将所有培养皿置于 25 ～ 28 ℃的保温箱中培养。

培养皿中溶液和琼脂培养基混合凝固时，溶液中微生物就被固定起来，并发育繁殖形成菌落。由一个细菌所形成的菌落，就是纯培养。

上面这两种方法有很大的区别，其结果却是相同的，即在培养基面上生长单个菌落。用接种针将这些菌落接种到适宜琼脂斜面上，即获得纯培养[1]。

二、微生物斜面接种

（一）斜面接种法

微生物斜面接种的方法如图 3-5 所示。

① 李阜棣 . 农业微生物学实验技术 [M]. 北京：中国农业出版社，1996：35-36.

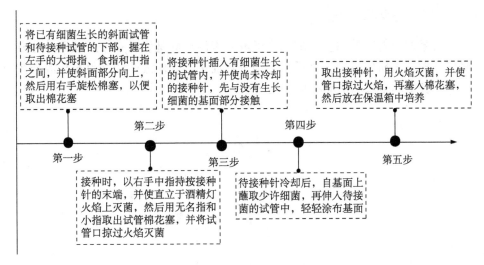

图 3-5 微生物斜面接种方法

斜面划线法如图 3-6 所示。

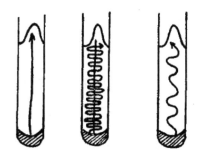

图 3-6 斜面划线法

（二）穿刺接种法

该接种法和斜面接种法大致相同，只是在蘸取材料之后，向高层琼脂培养基接种。穿刺接种法主要采用白金彩穿刺接种，在细菌肥料生产当中不经常使用。

（三）液体接种法

将蘸取了材料的白金耳或白金丝放入液体培养基管，在接近液面的地方轻轻摩擦，再研匀材料，之后缓缓地进行摇荡，促使液体和材料充分混合在一起。其他的步骤和斜面接种法相同。

第四章 微生物受外界环境条件作用

外界环境及条件都与微生物的生命活动密不可分。微生物只有在外界条件非常合适的情况下，才能更好、更迅速地生长与繁殖。

微生物对外界条件及环境的变化都是非常敏感的。当外界条件不利于微生物的生长与繁殖时，微生物就不再生长，甚至会死亡。反之，如果外界条件对于微生物来说是非常适宜的，有利于其生长与繁殖，那么微生物就会生长得非常好[①]。

能够影响微生物的外界条件，不仅有物理要素，还有化学要素。可以一一对其进行论述。

第一节 物理要素

物理要素包括外界的光线、湿度、温度、压力及表面张力等。

一、湿度

（一）不同湿度对微生物的影响

微生物的生存离不开水，水是生命之源，太干燥的环境微生物难以生长与繁殖。

微生物的种类不同，其对干燥的承受能力也有所区别。通常情况下，有荚膜的细菌更能抵抗干燥的环境，对干燥环境抵抗力最强的是芽孢。有些芽孢在干燥环境中甚至能保持超过十年，当生活条件合适的时候，它们还会发芽、繁殖。

---

① 王振. 复合微生物菌剂对水稻生长发育影响研究 [D]. 沈阳：沈阳农业大学，2017：26.

因为微生物在干燥的环境中生长缓慢，甚至可以停止生长发育，因此，在生活中保存食物时，通常都采用干燥的方法。例如，人们晒干蔬菜、肉类等，使食物上很难生长出微生物，食物就不会腐烂、发霉，这种方法可以有效保存食物。

（二）生理干燥

生理干燥就是在高浓度溶液中，一般采用6%以上的盐水，放入微生物细胞，微生物细胞内部的水分就会外溢，细胞就会收缩，从而失去生理活动能力。

生活中为了保存食品，通常也会使用这种方式。例如，我们熟知的蜜饯及盐渍，就是利用了生理干燥的原理[①]。

二、温度

在微生物生命活动过程中，温度起着重要的作用。众所周知，在微生物体内，物质进行着一系列的物理和化学的变化，这些变化需要在一定的温度条件下才能正常进行。

在温度变化较大时，大部分的微生物是能够适应的。通常情况下，每种微生物都有最适合自己的温度，包括最适温度、最高温度及最低温度，称为温度的三基点。

（一）最适温度

顾名思义，最适温度一定是最适合微生物生长的，处在最适温度，能使微生物生长繁殖得最快、最好。微生物的种类不同，对最适温度的要求也有所差别，因此，在培养微生物时，一定要选择最适宜的温度。

通常，土壤里的微生物最适温度如下。

（1）菌肥中的放线菌及细菌：25～28℃的环境温度最为合适。

（2）动物或人体内病原菌：37℃的环境温度是最合适的。

（二）最低温度

最低温度，即微生物所能承受的最低温度。当微生物处在最低温度时，

---

① 刘诗璇.不同种类氮肥对土壤供氮特征及玉米生长、产量的影响[D].沈阳：沈阳农业大学，2019：36.

会停止生长，但不会死亡，一旦回到温度合适的环境中，又能恢复生长。因此，在生活中，人们常常会将食物和菌种用冷藏的方式进行保存。

（三）最高温度

最高温度，即微生物所能承受的最高温度。当微生物处在最高温度的时候，因其体内的化学组成发生了变化，微生物就会死亡。超过的温度越高，会加速微生物的死亡。因此，可以通过高温来杀菌。

（1）80～100 ℃：普通微生物在几分钟之内基本就会全部死亡；

（2）70 ℃：10～15 min，基本全部死亡；

（3）60 ℃：30 min，基本全部死亡；

对于芽孢来说，在比较高的温度下，经过比较长的时间才会死亡。通常情况下，温度达到100 ℃的时候，持续几分钟芽孢就会死亡。也有特殊的芽孢，温度达到100 ℃的时候，2～3 h都不会死[①]。

三、光线及射线

（一）光线

光线对微生物的影响如图4-1所示。

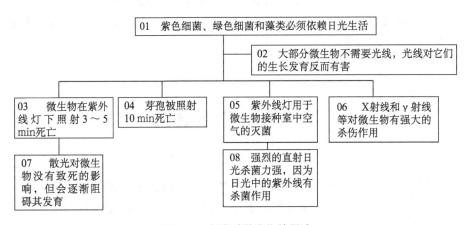

图4-1　光线对微生物的影响

---

① 福建师范学院化学系勤工俭学小组 . 细菌肥料 [M]. 福州：福建人民出版社，1959：37.

（二）射线

自然界中的各种射线，如 X 射线、γ 射线及各种放射性物质的射线，对微生物具有强大的杀伤作用。

由于各种射线对微生物具有刺激作用，往往使它们在遗传性上产生剧烈的变异，这就为在生产上进行诱变育种开辟了广阔的前景。

四、渗透压

微生物细胞膜经过渗透作用吸收营养物质和水分的流体静压叫渗透压。主要有以下两种情况。

（一）当微生物体外溶液浓度过大时

当微生物体外溶液浓度过大时，会使体内的水分向外溢出，造成脱水现象，使细胞内原生质浓缩，产生质壁分离，细胞就会失去正常的活动能力。

（二）当外界浓度低于微生物体内浓度时

当外界浓度低于微生物体内浓度时，水向细胞内不断扩散，使细胞发生吸胀现象，严重时会使细胞吸胀破裂。在进行菌种稀释时，往往用0.5% ～ 0.7% 盐水稀释，就是避免微生物细胞产生吸胀现象。

在保存食物时，我们常用盐腌或糖饯，就是为了增大渗透压，抑制细菌生长，达到长期保存的目的。

第二节　化学要素

化学要素对微生物生长的影响，如氧气、酸碱度（即 pH 值）、化学物品及环境中的营养物质等。在这些要素中，最关键的要素就是营养物质，可以对微生物产生极大的影响。

如果培养基的营养合适、成分恰到好处，未出现直接缺失某种物质或哪种物质太多或太少的情况，微生物就会得到很好的生长与繁殖。关于微生物的化学要素可以就以下几点进行阐述。

一、氧气

（一）氧气的必要性

众所周知，动物的生存离不开氧气，微生物也不例外。在其生长与繁殖的过程中，氧气不可或缺，一旦缺少氧气，微生物就不会再生长，也有可能死亡。

通常情况下，菌肥的细菌是不能缺少氧气的。也有特殊情况，有的细菌反而要在没有氧气的环境条件下才能生长繁殖，在有氧气的环境中则难以生长或死亡。最典型的就是丁酸细菌，在无氧环境中也能够生长。因此，在对细菌进行培养时，应考虑其对氧气的需要情况。

（二）增氧方式

因为大部分霉菌及放线菌需要在有氧环境下才能生长与繁殖，通常情况下，在培养的时候需要通入空气。

通入空气不仅能满足微生物对氧气的需求，还具有一定的搅拌作用，而搅拌也会影响微生物的生长[1]。

二、通气性

微生物对空气的要求各有不同，有的在生命活动过程中需要空气，有的则不需要，甚至在有空气存在时反而会影响其生长。

根据微生物对空气需要程度的不同，可把微生物分为好气性、嫌气性、兼性 3 种类型，如图 4-2 所示。

在谷氨酸发酵时，当通气量充足时会产生谷氨酸，当通气量不足时则产生乳酸或琥珀酸。因此，了解微生物对通气性的要求，可以有针对性地采取不同的方法加以培养。

---

① 康白. 微生态学 [M]. 大连：大连出版社，1988：40.

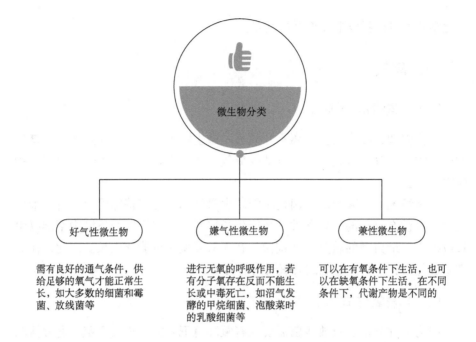

图 4-2 微生物分类

三、酸碱度

（一）酸碱度的影响

酸碱度对于微生物的生长与繁殖也是至关重要的，只有在酸碱度适宜的条件下，微生物才能正常生活。

针对不同的微生物，其对酸度或碱度的要求存在很大的区别。简而言之，当酸碱度保持一定时，对不同的微生物的生长也有不同的影响。

（二）酸碱度的范围及调节

每种微生物都有最适宜生长、繁殖的酸碱度范围。通常情况下，在酸性的环境条件下，霉菌生长得更好，最合适的范围 pH ＝ 3 ～ 6；而当 pH ＝ 6.8 ～ 7.6 时，更符合放线菌及大部分细菌的生长环境，其在这样的弱碱性或中性的环境中，会生长得更好。

因此，在培养微生物时，一定要根据其适宜的酸碱度环境，对培养基的

pH 值进行合理调节，以保证它们能够生长得更好。

四、化学物品

在化学物品中，如有机化合物、重金属盐类等常见物质，对微生物的生长有极大的影响，哪怕只是微量的。

（一）重金属盐类

重金属盐类包括我们熟知的铅、汞、银等，其中，汞就是水银。这些重金属盐类的含量是非常微量的，但对微生物来说却是有毒的。

有些金属盐类，如铁、铜等含量较少的盐类，对微生物来说是必不可少的。这里我们所说的必需或有毒，是相对于微生物种类与盐类的浓度而言的。

1. 铁

微生物生长与繁殖所必需的铁一旦缺乏，微生物的生长及发育会受到很大的影响。在培养基中加入铁之后，微生物就能很好地生长与繁殖；如果缺乏，如褐色固氮菌就不再产生褐色素。

2. 氯化汞

（1）当氯化汞浓度 = 0.000 001 mol/L 时，就会产生刺激大肠杆菌生长的作用；

（2）当氯化汞浓度 ≥ 0.001 mol/L 时，就会有很强的杀菌作用。

因此，在实验室中，氯化汞是最佳的消杀剂，常被用于对非金属器皿、地板及桌面的消毒[①]。

（二）有机化合物

有机化合物也常被应用于工作场所进行消杀工作，如甲醛、石炭酸及酒精等，都具有很强的杀菌性。

1. 甲醛

浓度为 1% 的甲醛，其杀菌作用也都是非常强的。在对实验室进行杀菌时，通常采用甲醛蒸汽进行消杀。

---

① 沈其荣 . 土壤肥料学通论 [M]. 北京：高等教育出版社，2001：30.

2. 石炭酸

浓度为 1% 的石炭酸可以在不超过 20 min 的时间里杀死细菌，浓度为 5% 的石炭酸能够在几分钟内杀死细菌，可以说石炭酸的杀菌能力非常强，但它对人和动物来说也有很强的毒性，因此，在医疗方面，常用石炭酸对地板、桌面及器皿进行杀菌。

3. 酒精

浓度为 70% 左右的酒精杀菌能力是最强的，通常用于对器皿的消毒及皮肤的杀菌。

除以上几种外，还有过氧化氢、高锰酸钾等众多化学品在微生物的生长过程中，也具有很强的毒杀性。

第三节 灭菌及工作区域灭菌

一、灭菌

进行所有微生物的相关工作，一定要使用灭菌的器具及材料。通常情况下，无菌或灭菌就是将培养基或某种物体上的微生物都进行灭杀。大部分情况下，消灭微生物主要采用甲醛、石炭酸等。

消毒就是使用具有很强毒性的化学药品对微生物进行灭杀。在菌肥厂和实验室中很少用到这个消毒方法，主要用以下几种方式灭菌。

（一）干燥灭菌

在干燥箱中，可以进行干燥灭菌，即将干燥箱烧到 150 ℃并且持续 2 h，或者烧到 165 ~ 170 ℃并持续 1 h，器具就会被完全灭菌。需要注意的是，该方法只适用于器具，如玻璃仪器的灭菌，吸管、试管等。

灭菌时先用纸将器具包裹起来，纸包不能有缝隙，在使用前先将器具取出，以防灭菌过的材料受到空气中杂菌的污染[1]。

吸管灭菌的步骤如图 4-3 所示。

---

[1] 南京农学院 . 土壤农化分析 [M]. 北京：农业出版社，1980：36.

用宽3～4 cm的长纸条包扎，纸条从吸管末端开始包扎，
螺旋形缠绕，一直包到顶端，吸管的顶端要先用棉花塞好

吸管要完全包住，不能与　　　　　　细的吸管也可以几条包在一起，
空气直接流通　　　　　　　　　　　或放在特制的铁盒中灭菌

图4-3　吸管灭菌步骤

在对试管、烧瓶及大瓶进行灭菌时，需将瓶口用棉花塞好。

干燥灭菌温度≤ 170 ℃，高于这个温度，纸包及棉塞容易脆碎。

为防止器皿破裂，在灭菌时，一定要先对这些器皿进行干燥。只有当干燥箱里的温度降到50 ～ 70 ℃时，才能打开干燥箱。在使用温度计时，应注意顶壁和水银球之间的距离，必须在箱高$\frac{1}{3}$处。

可以将铁箱作为干燥箱，在其外围包一层石棉，下面烧煤，温度可以通过人工方式进行控制，这种方法很简单。电烘箱是最佳的选择，能够自动控制温度[1]。

（二）火焰灭菌

火焰灭菌，顾名思义就是把微生物用火烧死，也叫干热灭菌法。这种方法灭菌彻底、简单、速度快，也最可靠，但有一定的局限性，仅限于燃烧或烘烤不变形的物质，如以下物质。

（1）接种针；

（2）金属用具；

（3）载玻片；

（4）试管口等。

这些都可使用火烧等方法灭菌。不宜直接燃烧的物品可以放在烘箱内烘烤灭菌，如以下这些物质。

---

① 莱阳农学院土壤肥料教研组 . 菌肥 [M]. 济南：山东科学技术出版社，1978：43.

（1）培养皿；

（2）吸管等。

可采取烘烤灭菌。菌体在 100 ℃干热 1～2 h 即可杀死，芽孢则需在 140 ℃干热 2～3 h 才能杀死。

（三）高压蒸汽灭菌

1.高压蒸汽锅定义

高压蒸汽灭菌是最可靠的方法。高压蒸汽锅是金属材质的，有很重、很厚、可以承受住高压力的盖，整体是密闭的。高压蒸汽锅结构如图 4-4 所示。其中，部件名称如表 4-1 所示。

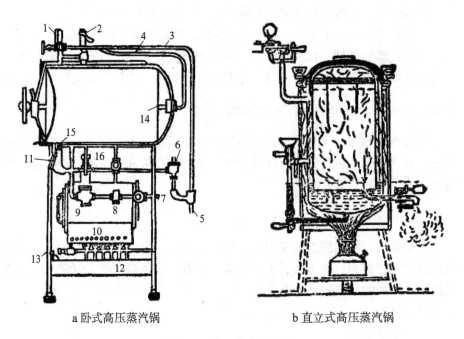

a 卧式高压蒸汽锅　　　　　　　b 直立式高压蒸汽锅

图 4-4　高压蒸汽锅结构

表 4-1 卧式高压蒸汽锅部件名称表

1	2	3	4	5	6	7	8
气压表	安全阀	无菌室排气	蒸汽进灭菌室导管	接排水沟	定温气阀	接锅管	蒸汽过滤器
9	10	11	12	13	14	15	16
蒸汽压力自动调节阀	蒸汽发生炉	温度计	煤油罐	打气筒	遮板	滤子	蒸汽夹套

2. 高压蒸汽灭菌原理

高压蒸汽灭菌原理：在密闭的金属内积蓄蒸汽，因蒸汽的量持续升高，使得锅内的压力也持续升高。

用千克或磅数来计算蒸汽压力。蒸汽压力与温度成正比，蒸汽压力越大，温度就越高。压力和温度之间的对照关系如表 4-2 所示。

表 4-2 压力和温度之对照表

压力 /（磅 / 平方英寸）	压力 /（kg/cm²）	温度 /℃
5	0.33	108.8
10	0.66	116.0
15	1.00	121.3
20	1.33	126.2

通常情况下，蒸汽压力 = 15 磅，20 min ≤ 蒸煮时间 ≤ 30 min 时，就可以完全达到灭菌的效果。

干燥灭菌比高压蒸汽灭菌所需的温度高，时间也比高压蒸汽灭菌的时间短。高压蒸汽灭菌的穿透力更强、更均匀，微生物在热空气中耐热力很强，湿热的蒸汽穿透力很强，微生物在湿热的蒸汽下吸收水分，很容易使得体内的化学物质发生化学变化，进而死亡[1]。

在使用高压蒸汽锅的时候，需要注意以下几点。

---

[1] 方中达. 植病研究方法 [M]. 3 版. 北京：中国农业出版社，1998：32.

（1）安全性

高压蒸汽锅可以承受一定的压力，但不能超过规定的限度，否则就有发生爆炸的危险，因此，高压蒸汽锅需要安装安全阀及气压表。当气压表 = 15磅时，就不能让其继续增压。若进行灭菌的话，一定要注意控制锅内蒸汽的压力，以免发生危险。

（2）温度适宜

高压蒸汽锅内的温度和气压表指针所指的磅数是相吻合的。刚开始灭菌时，不要关闭锅顶的气门，一定要将气门打开。在温度不断升高的过程中，锅内的空气应先从气门散出，接着出现蒸汽，等到蒸汽自由逸出时，再将气门关闭。如果锅内还有空气，那么气压表上显示的磅数就不能准确反映出真正的温度，会对灭菌的效果产生影响。

（3）灭菌完毕后的工作

气压表指针降到零磅才可以打开锅盖，不然锅内还有很大的压力，此时打开锅盖，蒸汽从锅内冲出去可能会发生危险，使灭菌的液体快速沸腾并从瓶内溢出。

（四）蒸汽气流灭菌

蒸汽气流灭菌，一定要在高压蒸汽锅中完成，在没有高压蒸汽锅的情况下，也可以使用蒸笼。采用该方法进行灭菌时，应在常温下进行，且温度 ≤ 100 ℃。

通常情况下，在温度较低时，30 min ≤ 灭菌时间 ≤ 45 min，需要持续3 天才能将微生物都予以消灭。在 100 ℃ 的时候，30 min ≤ 灭菌时间 ≤ 45 min 能够消灭一部分微生物，一些不容易消灭的，如细菌的芽孢，会一直存在。再隔一天，这些孢子发芽变成非孢子的细菌，再经过一次蒸煮，就能将其他微生物及大部分的细菌都杀死。如果再经过一天，再进行一次灭菌，就能达到完全的灭菌。农村地区缺乏高压蒸汽锅设备，采用这种方法可以填补空白。

此外，还有很多方法可以用来灭菌，如过滤法，对于一些不能承受热的液体具有灭菌作用，主要有以下几个步骤。

（1）用金属滤器对液体进行过滤，用螺旋在过滤器的上部和下部之间夹入石棉板，滤器管子紧密地插入橡皮塞中，通过过滤瓶，可以在低压下过滤。

（2）用棉花将过滤瓶伸出的小管塞住，以防空气被污染。

（3）用纸将整个设备包住，高压蒸汽锅保持在 15 磅的压力下，灭菌 0.5 h 之后才可以使用。

（4）还有一种过滤器是瓷器的，由于细菌及其他微生物不可能通过过滤器的小孔，因此，过滤后的液体中不包含细菌及其他微生物。

（五）紫外线灭菌

这是一种杀菌力很强的方法。细菌吸收紫外线后，蛋白质和核酸发生变化而死亡。

通常采用波长 = 2537 Å， Å 为埃，是一种长度单位， 1 Å = 1/10 000 μm，紫外线光灯照射 20 ～ 30 min 即可杀死空气中的微生物。

二、工作区域灭菌

在生产菌肥的过程中，最重要的就是防止杂菌进入，主要通过保持厂房及工作场所的清洁以防止杂菌进入，因此，需要定期对室内进行灭菌和大扫除、洗刷。

对于微生物工作场所的灭菌，大多是利用紫外线灯。如果缺少紫外线灯，可以使用以下方法，用以确保操作时是无菌过程。

（一）无菌操作箱

纯粹培养的移种、在生产菌肥过程中的接种工作，都需要在无菌或细菌很少的情况下完成。

为了将生产用的菌种完好无损地进行保存，菌肥厂在接种时，如果没有接种室设备，则可以使用无菌操作箱。对于无菌操作箱来说，灭菌很容易，可以在箱内煮一杯开水，蒸汽会慢慢地在箱内扩散，待冷却后，箱内的细菌及空气、尘埃都会随着凝冷水珠落在箱内的台面上，再用 0.1% 升汞将台面擦干净，或者取 1% 石炭酸用喷雾器喷射箱子内，就可以完成灭菌。

（二）房间的灭菌

要保证房间内无菌，需要做到如图 4-5 所示的几点。

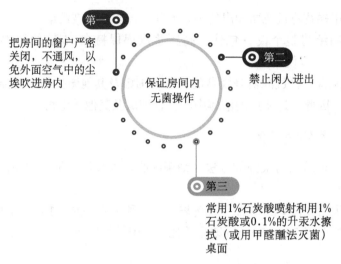

图4-5 保证房间内无菌操作

第一
把房间的窗户严密关闭，不通风，以免外面空气中的尘埃吹进房内

第二
禁止闲人进出

第三
常用1%石炭酸喷射和用1%石炭酸或0.1%的升汞水擦拭（或用甲醛熏法灭菌）桌面

保证房间内无菌操作

严格执行以上3个步骤，能够确保在整个操作的过程中，杂菌不会进入培养基内。

采用无菌操作箱或接种室，通过以上方法，基本可以确保无菌操作。在条件允许的条件下，可以在无菌操作箱或接种室安装紫外线灯，在进行灭菌时可以先不打开紫外线灯，而是采用1%石炭酸或0.1%升汞水溶液进行喷射，使得室内的灰尘降落之后，再打开紫外线灯。通常情况下，需照射半个小时左右。如果是在要求更严格的情况下，可以适当延长照射时间。待照射完成之后，将灯关闭，工作人员再进入室内进行工作。

三、化学药剂灭菌

消毒灭菌时，常用化学药剂灭菌的方法有以下3种。

（一）重金属盐类消毒灭菌法

重金属盐类消毒灭菌法，采用比重较大的金属，如汞、银、砷等易与菌体的蛋白质结合使其凝固或变性的金属，把菌体杀死。

0.1%的升汞溶液可用于非金属器皿的消毒，但注意其有剧毒，应安全使用0.1%～1.0%硝酸银溶液，可作皮肤消毒。

红药水是有机汞化合物，也是医生常用的消毒剂，使用浓度为2%。

（二）氧化剂消毒灭菌法

氧化剂消毒灭菌法就是微生物细胞的蛋白质、氨基酸均可被氧化剂氧化而失去活力。常用的氧化剂有高锰酸钾，高锰酸钾在浓度不同时，会有以下3种不同的用途。

（1）当高锰酸钾浓度为 0.1% 时，可用于皮肤、水果和饮具的消毒；

（2）当高锰酸钾浓度为 3% 时，高锰酸钾可杀死嫌气菌；

（3）当高锰酸钾浓度为 2%～5% 时，漂白粉液可用于培养室的洗刷。

（三）有机化合物消毒灭菌法

有机化合物消毒灭菌法，其浓度不同时，也会产生以下几种不同的用途。

（1）当石炭酸浓度为 0.1% 时，具有抑菌作用；

（2）当石炭酸浓度为 1% 时，可以杀死细菌菌体；

（3）当石炭酸浓度为 3%～5% 时，可杀死一般细菌；

（4）当石炭酸浓度为 5% 时，酸可用于室内喷雾消毒；

（5）当酒精浓度为 70%～75% 时，常作为皮肤消毒剂或器械消毒剂。甲醛是常用的熏蒸消毒剂。

四、菌种保藏与复壮

通过培养基培养出来的优良菌种，往往因长期人工单一培养和保藏不善等原因，容易发生混杂，使得菌种衰退，失去其原来的优良性状。

因此，对菌种的妥善保藏和复壮是相当重要的。在保藏菌种时，应达到以下 6 个目的。

（1）菌种纯；

（2）不污染；

（3）保持原来的典型特征；

（4）不衰退；

（5）生活力强；

（6）产品质量高。

通常情况下，一般采用以下 3 种保存法。

（一）低温保存法

低温保存法的步骤如下。

（1）将培养好的斜面菌种从试管口将棉塞剪平，用固体石蜡密封管口，包上牛皮纸，再装入塑料袋；

（2）培养到生长丰满后，取出放入温度为 4～5 ℃的冰箱中保藏；

（3）到一定的时间后，再转接到新鲜斜面培养基上培养，培养后的菌种即可继续保存。具体时间如下：

①细菌：1～3 个月；

②酵母菌：3～4 个月；

③放线菌：6 个月；

④霉菌：6 个月；

⑤有芽孢的细菌：6 个月。

（二）液状石蜡保存法

液状石蜡保存法相对比较简单，即等斜面菌种长好后，加入灭过菌的液状石蜡，加入量以浸过斜面为宜，管口封蜡后即可保藏。

（三）沙土保存法

沙土保存法步骤如图 4-6 所示。

2.将干沙装入安瓿瓶或小试管，装入量高约1 cm，加棉塞后在1 kg/cm²蒸汽压下灭菌30 min

4.将干燥器放在低温下即可达到保藏菌种的目的。这种方法适于有芽孢及孢子的微生物菌种的保藏，一般可保存1～3年

1.取60号筛子筛过的干净细河沙，放在10%的盐酸中浸泡2～4 h后，倒去盐酸，用水冲洗至不显酸性为止，再烘干或晒干

3.经检查无菌后，可接入菌液10滴，用接种针拌匀，包扎好，置于真空干燥器内进行真空干燥后，再放入有氯化钙吸水剂的干燥器内

图 4-6　沙土保存法

（四）衰退现象

"衰退"现象就是生产中使用的菌种，在使用和保藏的过程中，常常因外界条件和菌种内在因素的变化，使得菌种在形态和生理上发生退化。菌种衰退现象、表现在以下 3 个方面。

（1）生活力变弱；

（2）繁殖力降低；

（3）代谢能力差。

（五）菌种复壮

为防止菌种的衰老退化，就要进行菌种的复壮。常用的复壮方法有以下几种。

（1）纯化分离；

（2）寄主复壮；

（3）调整营养条件；

（4）控制传代次数等。

寄生性微生物发生衰退时，可通过将菌种接到有关寄主体内，以提高菌种活力，保持其原来特性。如杀螟杆菌或青虫菌，长期人工培养会降低杀虫效果。

为保持杀虫效果，可将退化菌种喂给活虫，使菌体在虫体内繁殖，待虫体病死后，从其尸体内取体液并进行分离，这样可得到良好的菌种。

（六）控制接种传代次数

引进或分离出来的菌种，移接次数过多时，菌种容易退化。在生产实践中可以多留第一代菌种，或做成第一代的沙土种，以保持原菌种特性。

第五章　根瘤菌肥的制备与应用

随着时代及现代科技的不断发展，对于土壤微生物的研究也在不断发展，我们所说的"细菌肥料"，除了利用细菌这一微生物外，还将放线菌这类微生物一并包含进去，菌肥的含义也发生了变化，"细菌肥料"这一名称就不太准确。更科学的说法是将细菌肥料称为菌肥。

化学肥料及菌肥或其他肥料，在性质上具有明显的差别。

1. 化学肥料

将磷肥、氮肥及菌肥等作物所需的营养，直接撒施到土壤里，用来增加土壤养分，作物能够更好地进行吸收。

2. 菌肥

菌肥是由土壤中分离出来的，对农业增产有益的微生物，通过人工培养使其快速繁殖，而不是将作物所需的营养撒施到土壤里。

经人工繁殖的微生物撒施到土壤后，可以调整微生物的数量及种类，增强微生物的活动性，进而增加土壤里氮素的钾、磷等养分，或产生抗生素及刺激性的物质等。

改善并增加土壤里的作物营养，刺激作物的生长，增强作物的抗病能力，进而提高作物的产量[1]。

菌肥本身不包含作物所需的养分，因此，菌肥与其他肥料不同。在肥料领域内，除了化学肥料及有机肥料外，菌肥的重要性排在第三位，是一种辅助性的肥料，在应用上较为严格。

过去，人们称其为细菌肥料，其实，其早已超出了利用细菌这一类群微生物的范围，把放线菌、藻类也包含了进去，如"五四〇六"、固氮蓝藻等，因此，把过去的习惯叫法改称为"菌肥"更确切些。

---

① 山东省土壤肥料研究所微生物室 . 根瘤菌肥 [M]. 北京：农业出版社，1978：10.

菌肥和化学肥料、农家肥料不同，差异主要表现在以下几个方面。

（1）菌肥本身含有作物所需的养分是非常少的，它将从土壤中分离出来的有益的微生物，用人工方法加以培养，使其大量繁殖。

（2）将其施用到土壤中，以调整土壤中有益微生物的种类和数量，从而加速转化土壤中有效的氮、磷、钾等养分来刺激作物生长，增强作物抗病性，用以提高作物产量。

在整个肥料领域中，化学肥料和农家肥料是作物的主要肥料，菌肥是一种辅助性的肥料。因此，在施用菌肥的同时，还要施足、施好化学肥料和农家肥料，并配合其他栽培管理等技术措施，菌肥才能更好地发挥作用[①]。

中华人民共和国成立后，新的农业增产措施主要是普遍应用菌肥。1955年拟定的"全国农业发展纲要四十条"中，国家号召积极发展细菌肥料。菌肥的推广工作得以发展迅速，其发展时间线如图 5-1 所示。

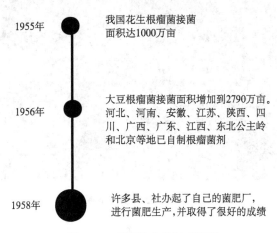

1955年　我国花生根瘤菌接菌面积达1000万亩

1956年　大豆根瘤菌接菌面积增加到2790万亩。河北、河南、安徽、江苏、陕西、四川、广西、广东、江西、东北公主岭和北京等地已自制根瘤菌剂

1958年　许多县、社办起了自己的菌肥厂，进行菌肥生产，并取得了很好的成绩

图 5-1　菌肥推广发展时间线

生产菌肥的过程就是培养微生物的过程。当前，主要的菌肥有自生固氮菌剂、根瘤菌剂、硅酸盐、丁酸菌剂及抗生菌肥料等。

---

① 　山东省土壤肥料研究所微生物室 . 根瘤菌肥 [M]. 北京：农业出版社，1978：15.

第一节　根瘤菌的特征

一、豆科植物根瘤

如果缺少氮，土壤就不会很肥沃，但豆科植物却能生长得很好，且只要土壤中种过豆科植物，就会有很高的肥力。

豆科植物根部会长有一种特殊的小瘤，其中包含了很多细菌，也就是我们所说的根瘤菌，通过固定空气中的氮素，可以为植物供给更多氮，并能增加土壤里氮的含量，从而提高土壤的肥力。豆科植物的根瘤如图 5-2 所示。

图 5-2　豆科植物根瘤

二、豆科植物根瘤菌的形状

根瘤菌是一种微微呈弓形的杆菌，并有圆端，$0.5\,\mu m \leqslant$ 宽度 $\leqslant 1\,\mu m$，$1\,\mu m \leqslant$ 长度 $\leqslant 7\,\mu m$。在一些根瘤菌培养基中，根瘤菌最开始的时候是细小的，染色也非常均匀，是活动杆菌，之后染色逐渐不均匀，最后出现了膨胀的形态或假菌体的分枝。

豆科植物分离的根瘤菌，虽然非常相似，但细胞形状都是有区别的，特别是假菌体，有如下形状：长而细、短而粗、分枝形、与典型杆菌相似、梨形、球形等[①]。

三、根瘤菌分组

根瘤菌分组是根据根瘤菌和不同植物共生的情况，可以分为以下 7 组。

（1）羽扇豆组：可以使各种羽扇豆生根瘤；

（2）苜蓿组：可以使各种苜蓿和木樨生根瘤；

（3）豌豆粗：可以使蚕豆、豌豆、苕子等生根瘤；

（4）菜豆组：可以使红菜豆、菜豆生根瘤；

（5）大豆组：可以使黑豆、青豆、黄豆及花生生根瘤；

（6）豇豆组：可以使豇豆、花生、小豆、胡枝子、糊豆、木豆、猪屎豆、刺桐等生根瘤；

（7）三叶草组：可以使各种三叶草生根瘤。

第二节　根瘤是如何形成的

在土壤中的豆科植物根部周围都分布着根瘤菌，豆科植物可以分泌一种物质，不断吸引根瘤菌，使其向根部移动，当根瘤菌和根毛接触时，就会分泌出一种使根瘤菌容易通过根毛进入根内的物质。

根瘤菌进入根毛后，会形成侵入线，侵入线从根瘤菌侵入点开始向根的内部延伸，侵入形式如图 5-3 所示。

---

① 山东省土壤肥料研究所微生物室 . 根瘤菌肥 [M]. 北京：农业出版社，1978：16.

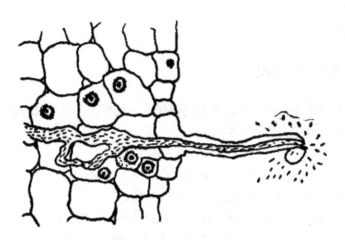

图5-3　根瘤菌从根毛侵入形成侵入线

豆科植物根部细胞在根瘤菌的刺激下，开始迅速分裂，并且形成很多微小的细胞，随着这些细胞逐渐长大，逐渐发展成瘤组线。同时，瘤组线也在不断增长，外面包围的一部分细胞向外突起，形成了根瘤。

第三节　根瘤菌与豆科植物共生固氮

根瘤菌要想将空气中的氮进行固定，就一定要和豆科植物一起生活。实验表明，在根瘤菌生长初期，仅供给它养分，加入少许氮素养料，而不是与豆科植物共生，其固定空气中的氮的含量就很少。

根瘤菌和豆科植物在一起生活时，根瘤菌需要从豆科植物体上获取营养物质，才能在根瘤中固定空气的氮素，而根瘤菌固定的氮素，也被豆科植物所利用，这就是共生的生活方式，因此，豆科根瘤菌也被称为共生固氮菌。

第四节　根瘤菌的 3 种性质及菌种的保存方式

一、根瘤菌的毒性

根瘤菌通过根毛进而侵入豆科植物的根内，引起根瘤形成的能力。因此，可以通过根上形成根瘤的多少来判断毒性的强弱。

二、根瘤菌的专化性

根瘤菌想要固定空气中的氮，就必须要和豆科植物共生。其共生也有一定的专化性，换言之，根瘤菌只有与特定的豆科植物共生时，才能固定氮，换成其他种类的豆科植物就无法形成根瘤菌，即不能和所有的豆科植物共生，从而固定空气中的氮。

举个例子，花生根瘤菌在花生的根上形成，若是换到别的任何一种豆科植物的种子上，播下去后就很难形成根瘤。

根瘤菌在选择寄主时是很严格的，仅有少量的根瘤菌种能够在几种豆科植物上互相接种。从外部形态来观察，根瘤菌的形状基本相同，但由于豆科植物种类的不同，在生理上也有不同种类的根瘤菌。

根瘤菌对于一些豆科植物的专化性，是在根瘤菌与豆科植物长期的共同发育的过程中形成的。

三、根瘤菌的活动性

根瘤菌的活动性是指其从空气中固定氮素供给植物的能力。通过植物积聚的氮量及增产量，能够判定根瘤菌活动性的强弱。

通常情况下，植物根上的根瘤菌数量和植物的生长发育有密切的关联，并成正比关系，根瘤数量越多，植物生长越好。也有例外的情况，在毒性比较弱、根瘤数目少的情况下，植株也会有较好的产量。

如果细小根瘤数目比较多，豆科植物就会受到抑制，说明细菌毒性强的时候，活动性有时却比较弱或不活动。简言之，根上根瘤越多，产量不一定会越高[①]。

---

① 　山东省土壤肥料研究所微生物室 . 根瘤菌肥 [M]. 北京：农业出版社，1978：16.

有的根瘤菌有活动性，有的缺少活动性，可以分为以下几种。

（一）有效根瘤

有效根瘤是由活动性细菌形成的，具有很强的固定氮的能力。

（二）无效根瘤

无效根瘤是由缺乏活动性的细菌形成的。

（三）两者区别

两者之间的区别，可以从外形上进行区分，如表 5-1 所示。

表 5-1　有效根瘤与无效根瘤的区别

种类	有效根瘤	无效根瘤
大小	比较大	比较小
颜色	粉红色	黄色
外形	坚实、光滑	皱缩、萎靡
分布位置	主根及侧根上部	植株整个根系上
含氮量	成串排列，并含有大量氮	比有效根瘤里的含氮量少很多
固氮能力	可以从空气中很好地固定氮素，促进植株良好生长	固氮能力差或完全不固氮

不活动但毒性强的根瘤菌，不仅无法促进植物良好发育，还会抑制植物良好发育。

活动性和毒性不是根瘤菌的固定特性，若通过它的发育条件来区别，这些特性就会减弱或增强，甚至全部消失。

四、根瘤菌菌种的保存方式

如果在人工培养基上长期保存根瘤菌，偶尔会发现它们的毒性及活动性会减弱。保存在实验室里的菌种活动性及毒性，通常情况下比从根瘤中新分离的菌种弱。因此，在保存菌种的时候，可以使用继代移种法。

（一）继代移种法

继代移种法，是将其接种在无菌的豆科植物种子上，然后在无菌土壤里播种种子并进行培植，使之形成根瘤，再从根瘤中分离出细菌。

（二）保存菌种活动力

必须关注植物的发育条件，才能通过该方法保存菌种的活动力，可以通过以下几点来进行。

1. 光照充足

一定要保证植物进行正常的光合作用，并形成大量的糖类，将大量的碳素营养供给根瘤菌。

2. 微量元素充足

保证土壤中包含微量元素、磷及充足的有机质能够供给植物利用。

需要注意一点，根瘤菌的活动性会随着土壤中植物可利用氮素的多少而变化，氮素越多，根瘤菌的活动性就会骤然下降，甚至停止。

第五节　根瘤菌的分离与选种

怎样才能得到有用的根瘤菌呢？广大科技人员经过辛勤劳动，研究出了一套行之有效的办法，即根瘤菌的分离和选种。

以前，人们为了改善新地豆科植物的生长情况，经常会在新栽种豆科植物的地上撒施豆科植物丰产旧地的土壤，并取得了比较好的效果。

这种方法也有一定的弊端，即需要搬运大量土壤，极为不方便，且在搬运的过程中会带入有害的微生物。

当人们将根瘤菌分离为纯种之后，为了增加豆科植物产量，就可以使用这些菌种，并制造出根瘤菌剂，根瘤菌剂的成功制造提高了豆科植物的产量。

要想制造出的根瘤菌剂品质比较优良，最关键的就是选育活动性非常强的根瘤菌菌种。菌种的活动性与豆科植物的增产作用成正比，即活动性越强，作用就越强。因此，提高菌种的活动性是非常有必要且需要持续进行的。

一、根瘤菌的分离

（一）从根瘤中分离根瘤菌的方法

从根瘤中分离根瘤菌的方法如图 5-4 所示。

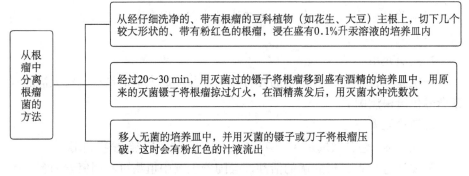

从根瘤中分离根瘤菌的方法	从经仔细洗净的、带有根瘤的豆科植物（如花生、大豆）主根上，切下几个较大形状的、带有粉红色的根瘤，浸在盛有0.1%升汞溶液的培养皿内
	经过20～30 min，用灭菌过的镊子将根瘤移到盛有酒精的培养皿中，用原来的灭菌镊子将根瘤掠过灯火，在酒精蒸发后，用灭菌水冲洗数次
	移入无菌的培养皿中，并用灭菌的镊子或刀子将根瘤压破，这时会有粉红色的汁液流出

图 5-4　从根瘤中分离根瘤菌的方法

（二）培养基成分

从被压破的根瘤中取一滴汁液，并用划线法进行接种，接种的培养基成分如下。

（1）甘露醇：10 g；

（2）氯化钠（NaCl）：0.1 g；

（3）硫酸镁（$MgSO_4 \cdot 7H_2O$）：0.2 g；

（4）磷酸氢二钾（K_2HPO_4）：0.5 g；

（5）碳酸钙（$CaCO_3$）：3 g；

（6）10% 的酵母液[①]：100 mL；

（7）琼脂：15 g；

（8）蒸馏水：900 mL。

（三）酵母液制作方法

用 1 L 水和 100 g 酵母进行蒸煮，蒸煮的条件是高压 15 磅煮半小时，静置 3 天左右，取出上层澄清液进行使用。

---

① 莱阳农学院土壤肥料考研组. 菌肥 [M]. 济南：山东科学技术出版社，1978：36-39.

（四）分离根瘤菌注意事项

在对根瘤菌进行分离时，为了使其与别的杂菌的菌落区分开来，通常情况下，有以下两种方法。

（1）在每升培养基中加入 1 ∶ 250 的刚果红溶液，加入量约为 10 mL；

（2）使培养基含 1 ∶ 80 000 的结晶紫，可以作为指示的色素。

当根瘤菌在生长的时候，其菌落不会被染成紫色或红色，而杂菌的菌落会被结晶紫或刚果红染成紫色或红色，然后将不被染色的菌落接种到同一成分的琼脂斜面上。

（五）刚果红配法

在 10 mL 95% 的酒精中，溶解 1 g 刚果红，再加入蒸馏水，将其稀释到 250 mL 即可。

（六）结晶紫配法

在 80 mL 95% 的酒精中，溶解 1 g 结晶紫，再吸取该溶液 1 mL，加入蒸馏水稀释到 1000 mL 即可。

二、植物接种鉴定方法

在灭菌的豆科植物种子上接种分离的根瘤菌，用无菌水制成混悬液进行无菌砂栽培。

经过 20 天的栽培后将植株拔起，观察植株根部有没有生出根瘤，如果长了根瘤，表明分离的根瘤菌适合该品种的豆科植物，并且证明这些根瘤菌是有毒性的。

三、根瘤菌的选种

（一）菌种选择

选择菌种应注意以下 5 点。

（1）从当地丰产田的豆科植物根部中进行分离；

（2）谨慎选取活动性强及毒性强的菌；

（3）谨慎选择作物品种特性，再选择活动性强的菌种；

（4）注意并非全部根瘤菌的菌种，对豆科植物的各种品种都有效；

（5）菌种必须在温室中先行试验，成功并取得优良效果后，方可使用。

通过这种方法，对所分离的菌种进行编号，根据编号进行优良菌种选择及植物接种鉴定。

（二）选择优良菌种

分离的根瘤菌一定要进行盆栽比较试验，从而测定其固氮能力与活动性。

1. 盆栽方法

盆栽方法的步骤如图 5-5 所示。

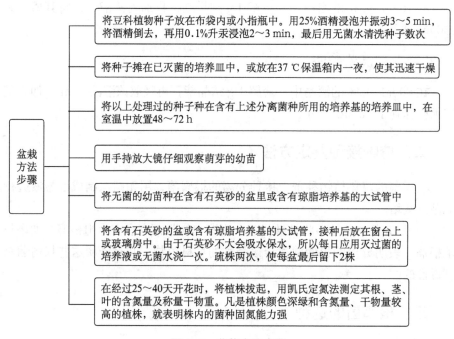

将豆科植物种子放在布袋内或小指瓶中。用25%酒精浸泡并振动3～5 min，将酒精倒去，再用0.1%升汞浸泡2～3 min，最后用无菌水清洗种子数次

将种子摊在已灭菌的培养皿中，或放在37 ℃保温箱内一夜，使其迅速干燥

将以上处理过的种子种在含有上述分离菌种所用的培养基的培养皿中，在室温中放置48～72 h

用手持放大镜仔细观察萌芽的幼苗

将无菌的幼苗种在含有石英砂的盆里或含有琼脂培养基的大试管中

将含有石英砂的盆或含有琼脂培养基的大试管，接种后放在窗台上或玻璃房中。由于石英砂不大会吸水保水，所以每日应用灭过菌的培养液或无菌水浇一次。疏株两次，使每盆最后留下2株

在经过25～40天开花时，将植株拔起，用凯氏定氮法测定其根、茎、叶的含氮量及称量干物重。凡是植株颜色深绿和含氮量、干物量较高的植株，就表明株内的菌种固氮能力强

盆栽方法步骤

图 5-5　盆栽方法步骤

2. 培养基成分

（1）储备用的盐混合物

①氯化钾（KCl）：10 g；

②硫酸钙（$CaSO_4$）：2.5 g；

③硫酸镁（$MgSO_4 \cdot 7H_2O$）：2.5 g；

④磷酸三钙［$Ca_3（PO_4）_2$］：2.5 g；

⑤磷酸铁（$FePO_4$）：2.5 g。

把这些盐混合物磨成粉状。

（2）培养液

①储备用的盐混合物：2.5 g；

②水：1000 mL。

（3）琼脂培养基

在培养液中加入 7.5 g 琼脂。每个菌种接种 3 试管或 3 盆，再以 3 试管或 3 盆不接种为对照。

如果用石英砂，接种后在幼苗植株周围铺满大约 1 cm 厚的灭菌的石英砂，并用乙种培养液或无菌水浇湿。

若使用大试管，要将其中的琼脂培养基表面划几条凹沟，便于放下种子并促使幼根生长。在试管外面底部要包上一层棕色的纸，使得根部阴暗，促进根部的生长。

第六节　准备菌种和检验菌种的方法

一、准备菌种

（一）优良菌种的选择与保存

制造根瘤菌剂时，最关键的是要选择优良的菌种。根据上述方法进行分离及选种，可以选出优良的菌种，也可以直接向有关农业科学研究部门索取。

得到菌种之后，需要立即移接到准备好的培养基斜面，并进行密封保存。

（二）斜面培养基成分

（1）磷酸氢二钾（K_2HPO_4）：0.5 g；

（2）氯化钠（NaCl）：0.1 g；

（3）硫酸镁（MgSO$_4$·7H$_2$O）：0.2 g；

（4）甘油：10 g；

（5）碳酸钙（CaCO$_3$）：3 g；

（6）自来水或蒸馏水：900 mL；

（7）2% 的酵母液：100 mL；

（8）琼脂：15 g。

斜面上生长的菌种，可以分为两个部分。

（1）作为繁殖传代使用，菌种需谨慎保存在低温处备用；

（2）作为生产用的菌种。

二、检验菌种方法

菌种是否纯种，需要经常对其进行检验，检验方法主要有以下几种。

（一）识别菌苔

这一步主要是对菌苔进行识别，看其是否混杂其他颜色的霉菌或菌落。

（二）检测菌体

先使用石炭酸复红液染色，再放在显微镜下观察是否为所需要的细菌，有没有其他形状的菌体。

（三）与不接种的培养基进行对比

在 2% 的酵母液澄清液或肉汤培养基中接种菌种，在 20 ℃的温度下培养 18 ～ 24 h。

与不接种的培养基进行对比，仔细观察有没有浑浊的现象产生。

（1）有浑浊现象产生，说明这个菌种不纯；

（2）没有浑浊现象产生，培养基是澄清的，说明该菌种是纯种的，可以用于生产使用。

第七节　制备根瘤菌剂的方式

生产根瘤菌肥料时，菌种可以选择自己分离，也可以向有关部门索取。无论用什么方法取得的菌种，都要进行纯度检查。

1. 先用显微镜取菌苔进行检查；

2. 再用肉汤培养液进行检查。

如发现经灭菌后接种的肉汤变浑浊，则菌种不纯；如肉汤无浑浊现象，则此菌种为纯种。有了纯种的优良菌种，就可以进行大量培养。在制造根瘤菌剂的过程中，最关键的步骤是培养，培养的方法主要分为以下两种[①]。

一、固体培养

菌种培养基的成分也可以用作固体培养基的成分，但在固体培养基的成分中，需要将菌种培养基中的酵母液替换为酵母粉，用量是 2 g/L。

（一）灭菌与接菌

1. 灭菌

使用 500 mL 克氏瓶装培养基，在 15 磅压力下灭菌半小时，或者用蒸笼间歇灭菌 3 天。

2. 接菌

灭菌完成后就可以将瓶子放平，使培养基能够在瓶壁的一面进行凝固。如果出现以下 3 种情况：

（1）生产量大；

（2）生产任务繁重；

（3）克氏瓶不足。

则可以在培养基在瓶壁的一面凝固之后，再倒入 60 mL 溶解的无菌培养基中，使其凝固在另一面瓶壁上，这样便形成了两面培养，增加了培养面积，且节约了瓶子和培养所占用的空间。待凝固之后就可以开始接菌，并将其放在温度约为 28 ℃的培养室内。

---

① 山东省土壤肥料研究所微生物室 . 根瘤菌肥 [M]. 北京：农业出版社，1978：21.

（二）培养天数

根据根瘤菌种类的不同，培养的天数也有所区别，主要分为以下两种。

1. 慢型

大豆根瘤菌及花生根瘤菌等生长均比较慢，生长时长需要 6 ～ 7 天。

2. 快型

豌豆根瘤菌、苜蓿根瘤菌、三叶草根瘤菌及紫云英根瘤菌等生长得都比较快，培养 3 ～ 4 天就可以生长得很好。

在培养的整个过程中，需要经常观察克氏瓶里菌苔生长得是否一致，有无霉菌或长出其他颜色、形状的菌落。如果出现了上述情况，就需要用灭菌法处理这些瓶子，并在显微镜下观察抽样制片。

经过检查确定没有杂菌后，才可以将培养基表面的细菌刮下来制成菌液。

二、液体培养

（一）液体培养与固体培养对比

对比液体培养与固体培养，其优缺点如表 5-2 所示。

表 5-2 液体培养与固体培养优缺点对比

	固体培养	液体培养
优点	可用肉眼检视杂菌	液体培养也叫深层培养法，是目前最快且有效的培养方法
	可以适宜地除去杂菌	能在短时间内获得大量优良的细菌培养物，对于细菌剂的生产有很重要意义
	可以检视根瘤菌的繁殖速度及状态	
缺点	操作手续过于烦琐，花工较多	易污染杂菌
	成本核算不够经济，大量生产中受到一定限制	污染后无法清除

（二）液体培养基成分

液体培养基可以配制成两种，成分有所不同，这两种液体培养基的成分如下。

1. 液体培养基成分（一）

（1）磷酸氢二钾（K_2HPO_4）: 0.44 g；

（2）蔗糖: 8 g；

（3）氯化钠（NaCl）: 0.19 g；

（4）硝酸钙［$Ca(NO_3)_2$］: 0.02 g；

（5）硫酸钙（$CaSO_4$）: 0.2 g；

（6）硫酸镁（$MgSO_4 \cdot 7H_2O$）: 0.19 g；

（7）酵母液: 100 mL；

（8）微量元素: 1 mL；

（9）水: 900 mL。

2. 液体培养基成分（二）

（1）碳酸钙（$CaCO_3$）: 3 g；

（2）蔗糖: 20 g；

（3）硫酸镁（$MgSO_4 \cdot 7H_2O$）: 0.2 g；

（4）磷酸氢二钾（K_2HPO_4）: 0.5 g；

（5）氯化钠（NaCl）: 0.1 g；

（6）水: 900 mL；

（7）酵母液: 100 mL；

（8）微量元素: 2 滴。

其中，微量元素的配制成分如下:

（1）硼酸（H_3BO_3）: 2.5 g；

（2）硫酸锰（$MnSO_4$）: 2.5 g；

（3）过锰酸钾（$KMnO_4$）: 2.5 g；

（4）水: 1000 mL；

（5）硫酸亚铁（$FeSO_4$）: 2.5 g。

（三）液体培养法

液体培养法的步骤如图 5-6 所示。

需要注意的是，按 10 倍扩大，即第一次在 50 mL 培养基中培养，第二次在 500 mL 培养基中培养，扩大 10 倍，以此类推。

在大量培养的过程中，需要以下几种设备。

（1）空气过滤装置，如图 5-7 所示。

空气过滤器，直径在 10 ～ 15 cm，过滤器长约 30 cm。

（2）空气压缩机，可以从相关部门订购空气压缩机。

（3）发酵罐，如图 5-8 所示。

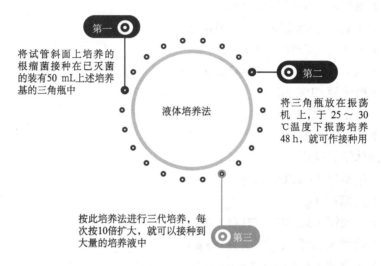

图 5-6　液体培养法

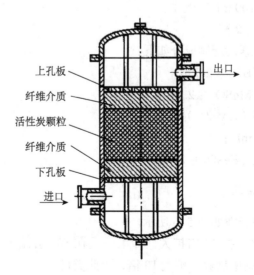

图 5-7　空气过滤装置

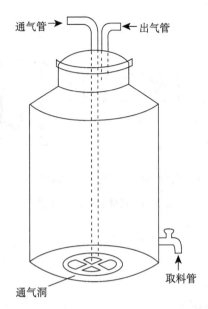

图 5-8 发酵罐

发酵罐的容积规格比较多，主要有 50 L、80 L、100 L 等。

将容量为 70% 的液体培养液倒入发酵罐中，用高压蒸汽进行灭菌，再以空气压缩机每天通两次气，每次 1 小时。培养的时间也要分为慢型和快型两种。

（1）慢型细菌培养时间：48 ～ 96 h；

（2）快型细菌培养时间：24 ～ 48 h。

正常培养的培养液中菌数为每 1 mL 里含有 10 亿个细菌，菌液就是所培养的培养基。液体发酵通气装置如图 5-9 所示。

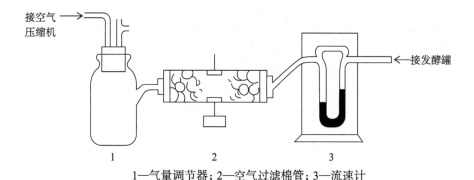

1—气量调节器；2—空气过滤棉管；3—流速计

图 5-9　液体发酵通气装置

三、菌剂制造

（一）带菌剂的定义

带菌剂也叫吸附剂，是由液体或固体培养成的菌液，且要与疏松的、有机质含量高的物质进行搅拌。

（二）使用带菌剂的意义

使用带菌剂的意义主要包括以下两点。

（1）为细菌创造一个优良的环境，使其能生存繁殖；

（2）便于运输。

当前，带菌剂在各地均采用泥炭土，也可采用菜园土、肥沃土壤及堆肥等。带菌剂干燥后，先对其进行粉碎，再用煤屑、石灰或草木灰对其酸碱度进行调节，通常调节到微碱性，即 pH = 7.2 ～ 7.4。

（三）带菌剂与菌液配制方法

带菌剂和菌液的配制方法为：每 60 kg 带菌剂中加入以下成分。

（1）磷酸氢二钾（K_2HPO_4）：4 g；

（2）糖：100 g；

（3）微量元素：2 mL；

（4）过磷酸钙：100 g。

以上元素与菌液进行充分搅拌，使用菌液质量为 12.5 kg，1 mL 含有 1 亿个细菌，若 1 mL 里细菌含量＞1 亿个，那么菌液用量也可以用这个标准来进行计算。

总之，所加入的带菌剂的菌数为 1 g 含有 5000 万个细菌，在屋内平铺 0.3～0.7 cm 厚，经过几天后，再进行包装。菌液经过充分搅拌、堆积之后，还可以再繁殖大约 10 倍，5000 万个≤每克菌剂的菌数≤1 亿个。

（四）微量元素成分

微量元素的成分如下：

（1）硼酸（H_3BO_3）: 5 g；

（2）钼酸钠（Na_2MoO_4）: 5 g；

（3）水：1000 mL。

四、成品规格

成品规格如下：

（1）pH = 7.2～7.4；

（2）通常情况下：7000 万个≤每克成品含菌数≤1 亿个，最佳情况：每克成品含菌数≥1 亿个；

（3）25%≤水分≤30%；

（4）菌液的杂菌数≤5%。

五、检验成品

判断菌剂的质量是否符合规格，一定要经过检验。检验方法主要有以下两种，一种是平板稀释培养检验法，适用于全部成品菌数的检查；另一种是直接检验法，即计算细菌数目时使用血球计进行计算。直接检验法适用范围没有平板稀释培养检验法适用范围那么广，仅适用于菌液的检查。

（一）平板稀释培养检验法

平板计算法的步骤如下。

（1）在盛有 90 mL 无菌水的三角瓶中，溶入 10 g 菌剂，摇动 20 min 左右，使菌剂悬浮在水中；

（2）根据微生物的纯培养方法进行稀释，直至所需的稀释度，通常情况下稀释至 10 万倍；

（3）用 1 mL 吸管吸 1 mL 菌剂至灭菌的培养皿中，每种稀释度都需要做 3 个左右的培养皿，并注明稀释的倍数；

（4）加热融化制好的备检查用的培养基，冷却至约 40 ℃，倒入以上放有菌悬液的培养皿中，10 mL ≤ 每个培养皿的容量 ≤ 15 mL；

（5）把菌悬液与培养基进行混合，待冷却凝固后，倒置在 25 ～ 28 ℃的保温箱中进行培养，观察其生长速度。

根瘤菌在培养基上不能被刚果红染色，经过 4 ～ 6 天就可以计算在培养基上不被刚果红染色的菌落[1]。

$$每克的菌数 = 菌落数目 \times 稀释度$$

检验成品菌数所使用的培养基成分如下。

（1）磷酸氢二钾（K_2HPO_4）：1 g；

（2）甘油（甘露醇）：1 g；

（3）磷酸二氢钾（KH_2PO_4）：1 g；

（4）琼脂：15 g；

（5）硫酸镁（$MgSO_4 \cdot 7H_2O$）：0.2 g；

（6）水：1000 mL；

（7）刚果红（$\dfrac{1}{250}$）：10 mL。

合格的判断条件是：被检查的成品稀释 10 万倍，培养皿中平均有 50 ～ 70 个根瘤菌菌落即可。

此外，成品检验还可以测定水分及 pH 值，25% ≤ 水分 ≤ 30%，成品的 pH 值为微碱性或中性。

1965 年，苏联曾对根瘤菌剂的成品做了规格说明，如表 5-3 所示。

---

[1] 莱阳农学院土壤肥料教研组. 菌肥 [M]. 济南：山东科学技术出版社，1978：41.

表 5-3　1965 年根瘤菌剂规格

外观	像潮湿样式的土壤	
含根瘤菌数	每克菌剂大于等于	大豆、花生、羽扁豆：70 000 000 个
		其余豆类作物：300 000 000 个
杂菌含量	每克菌剂小于等于	大豆、花生、羽扁豆：5 000 000 个
		其余豆类作物：10 000 000 个
水分（最大持水量）	45% ～ 85%	
pH 值	大豆、花生、羽扁豆：5.8 ～ 6.0	
	其余豆类作物：6.0 ～ 7.0	
不能生霉菌，一旦生有霉菌，限制出厂		

（二）直接检验法

直接检验法的步骤如下。

（1）在计算板上滴上菌液，菌液需经过一定的稀释；

（2）放在显微镜下检查，并计算每一格的菌数，数 80 格，则：

$$平均每格内的菌数 = 80 \div 所得菌总数；$$

$$每一小格面积 = \frac{1}{400}(\text{mm}^2)；$$

$$每一小格深度 = \frac{1}{10}(\text{mm})。$$

$$每一毫升菌液含有菌数 = \frac{80 格所含菌数}{80} \times 400 \times 10 \times 1000 \times 稀释度，$$

若稀释度 = 200，则：

$$每一毫升菌液含有菌数 = 80 格的菌数 \times 5 \times 10 \times 200 \times 1000。$$

即所数的菌数 ×10 000 000，若所数的菌数 = 150 个，个即为 1 500 000 000 个。

所用的计算板为普通血球计算器，有刻度且非常厚，在中间 $\frac{1}{3}$ 处，有 4 道横贯深槽，它们的距离都不相等，从而形成 3 个不同宽度的平台，两边的平台较中间的平台高 0.1 mm。在平台的正中央有一道横沟，将其分为两个平台，每个平台都会刻一个方格，方格面积为 1 mm²，将方格分为了 400 个小格，则：

$$每个区域格数 = 400 \div 25 = 16（格）；$$
$$5个区域格数 = 16 \times 5 = 80（格）。$$

血球计算器及其方格如图 5-10 所示。

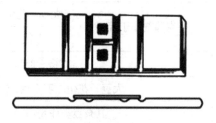

a 血球计算器

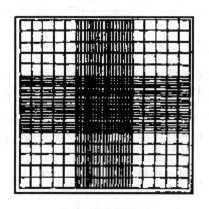

b 血球计算器的方格

图 5-10　血球计算器及其方格

六、制造根瘤菌剂的土法

制造根瘤菌剂的土法，采取就地取材的形式，与之前所讲的生产方式不同，之前的生产方式多为菌肥厂所使用。

现在介绍的就是农民所使用的方法，非常简便，就地取材就可以制造根瘤菌剂。

（一）土法制造方法一

第一种土法制造的步骤如下：

（1）在秋季时，同时采集豆科植物的根瘤与根；

（2）将上面的泥土清除干净；

（3）在20 ℃≤温度≤ 25 ℃条件下进行风干；

（4）将干燥的根磨碎并过筛。

苏联曾做过研究，根据以上步骤制作而成的根瘤粉，8亿个≤每克根瘤菌含量≤ 19亿个，使用时每亩的用量约为10 g，与豆科植物种子同时播种到土壤里。

（二）土法制造方法二

第二种土法制造的步骤如下：

（1）从生长良好的豆科植物上，采集带根瘤的根；

（2）用水将根清洗干净，干燥后进行保存；

（3）使用时将其取出，在臼中加水捣碎；

（4）用这种混悬液撒施种子。

以上两种方法制造的菌剂，在增产上均有很好的效果。此外，四川等地的农民也有非常丰富的经验。

（三）成都农民经验

成都当地农民利用根瘤菌的经验也是非常有价值的，可以进一步进行总结与推广，其步骤如下：

（1）收获黄豆后，将泥土及少量带有根瘤菌的根混在一起，捣烂；

（2）加入草木灰并揉成小团；

（3）用稻草将这些小团包扎起来，进行储藏，以便来年与黄豆拌种使用。

（四）细菌苗圃

在农场中构建专门的细菌苗圃，可以获取当地根瘤，根瘤的活动性非常强。这种细菌苗圃土壤需要具备以下特点：

（1）结构性强；

（2）有机质丰富；

（3）呈中性；

（4）不含太多无机态氮素；

（5）实施钾、磷肥料；

（6）撒施厩肥及草木灰，用以补充微量元素。

在苗圃中培育豆科植物，专门用作制备根瘤菌剂。在需要的时候，可在苗圃里采豆科植物 10 株左右，捣碎其根瘤进行应用，同样可以取得很好的效果。

（五）土法制造菌剂的优缺点

土法制造菌剂有优点也有缺点：

1. 优点

能够使用适合当地条件的培养菌以感染种子。

2. 缺点

无法检查苗圃里根瘤菌的活动性或根瘤菌剂。

一般来说，土壤中包含三类根瘤菌。

（1）不活动的根瘤菌；

（2）活动性弱的根瘤菌；

（3）活动性强的根瘤菌。

在播种豆科植物的过程中，施用这些细菌有时会产生不好的效果，或带入一些细菌及病原性的真菌。因此，所有工作一定要在精细操作下进行，且只能在健康的植株上采取根瘤。

第八节　根瘤菌剂的使用及注意事项

使用根瘤菌剂时，在豆科植物种子中加入清水，并进行充分搅拌。通常情况下，拌种量需保证每一颗种子的根瘤菌蘸有量在 2000～10000 个，拌种之后避免阳光直射、过于干燥及破伤种皮。

在土壤中施用根瘤菌剂，需保证产生效果，为根瘤菌创造适宜的生活条件，避免因条件差造成豆科植物难以增产。

根瘤菌生长需要的适宜条件，主要包含以下几点。

一、通气

在根瘤菌的生长发育过程中，土壤通气非常重要。如果将根瘤菌施用在非常泥泞的黏质土壤中，很难取得良好的效果。

二、水分

土壤里的细菌对水分的需求量远不及在植物内生活的根瘤菌，根瘤菌一旦适应了植物，其对水分的需求量极大。

相关实验表明，当土壤水分 = 最大持水量 × 60% 时，豆科植物根的根瘤数目达到最大量，且活动性也大大增强。因此，要想根瘤菌剂取得良好效果，就必须在相对比较湿润的地方施用。

此外，也可以在干旱的时候进行灌溉，能够增大根瘤菌剂的效果，相关实验表明：

灌溉形成的根瘤数 = 未灌溉形成的根瘤数 ×（1+5）。

三、施用钾、磷肥料

（一）钾、磷肥料与根瘤菌剂综合使用

在施用钾、磷肥料时，应使用根瘤菌剂。采用这种综合的方式，能够有效提高豆科植物的产量。钾和磷对于微生物及植物都是非常必要的，根瘤菌很需要磷，根据实验表明：

根瘤中磷含量 = 根中磷含量 ×（1+1.5）。

（二）氮过量时钾、磷肥料的施用意义

如果土壤中含有的可利用的氮量非常大，那么施用钾、磷肥料就有很特别的意义。

当氮素过量时，豆科植物的根部难以形成根瘤，其有价值的固氮特性就消失了。此时，钾、磷肥料的撒施在增加到一定量后，就可以避免因土壤里氮素过量而产生的不利影响。

四、有机质

通常情况下，因根瘤菌需要土壤中包含非常多的有机质，豆科植物会以秸秆作为肥料。

在未种植豆科植物的土壤中施用秸秆，土壤中的微生物会抢占氮素，因此，可能会影响豆科植物的产量。当微生物死亡后，还可以变成植物可吸收的氮素。因此，施用秸秆后的次年，产量会得到提升。

虽然豆科植物会有不同的反应，但待施用秸秆后，根瘤菌的生长发育都会得到提升，并对根瘤产生非常好的作用[①]。

五、施用微量元素

要想提高根瘤菌剂作用的有效性，需将微量元素与根瘤菌剂综合在一起使用。微量元素的优点非常多。

（1）促进植物中糖的形成，改善根瘤菌的营养；

（2）根瘤菌在固氮过程中，微量元素必不可少，尤其是施用钼、硼后，可以取得非常明显的增产效果。

六、施用石灰

将石灰施用在酸性土壤中，可以促使豆科植物的产量得到提升。在土壤中，石灰能为根瘤菌的生命活动创造有利环境，使根瘤菌的繁殖能力和活动性更强。石灰的作用主要有以下两点：

（1）调节土壤的酸碱度达到适宜的 pH 值；

（2）为根瘤菌提供必需的钙。

---

① 罗琴 . 微生物肥料研究现状及发展趋势分析 [J]. 现代农业科技，2019（12）：166，168.

第九节　根瘤菌剂在农业实践中的意义

一、在农业中的实践时间线

根瘤菌剂在农业中的实践时间线如图 5-11 所示。

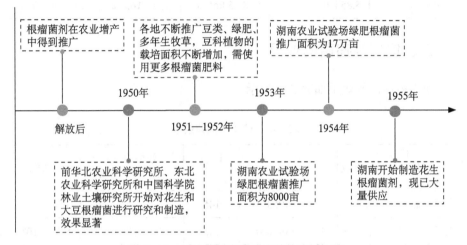

图 5-11　根瘤菌剂在农业中的实践时间线

二、中国使用花生根瘤菌肥料的效果

中国在使用了花生根瘤菌肥料之后，1950—1955 年的增产效果如表 5-4 所示。

表 5-4　中国花生根瘤菌肥料增产效果

时间	未接种根瘤菌的产量	接种根瘤菌后增产		试验数
1950	85 kg/ 亩	17 kg/ 亩	增产 20.0%	83
1951	73.95 kg/ 亩	15.76 kg/ 亩	增产 21.1%	113
1952	112 kg/ 亩	19.4 kg/ 亩	增产 17.1%	90

时间	未接种根瘤菌的产量	接种根瘤菌后增产		试验数
1953	115.5 kg/ 亩	13.5 kg/ 亩	增产 12.1%	6（取福建与山东两省的平均数）
1954	110.5 kg/ 亩	18.75 kg/ 亩	增产 17.0%	87
1955	115.85 kg/ 亩	18.85 kg/ 亩	增产 16.2%	13（河北省）

三、使用根瘤菌的效果

使用根瘤菌的效果如表 5-5 所示。

表 5-5　使用根瘤菌效果

项目	试验区域	时间	试验数 / 次	效果明显，增产≥ 5% / 次	平均增产
大豆根瘤菌	东北	1951—1953 年	145	54	10% ～ 20%
大豆根瘤菌	华北	1952—1956 年	103	60	5% ～ 10%
花生根瘤菌	华北	1950—1955 年	264	91.3	10% ～ 20%
绿肥（苕子、紫云英）	湖南	1954 年	4	—	40% ～ 270%

参考中国科学院林业土壤研究所的报告可知，在东北地区，大豆经过根瘤菌接种后，在不同土壤里都能增产，增产范围为 9.7% ～ 33.0%，通常情况下约为 12%。

湖南的农业试验场在红壤地完成了苕子及紫云英的根瘤菌剂的效果试验，充分证明在红壤山地根瘤菌也能产生好的效果。

接种根瘤菌的紫云英＝未接种根瘤菌的紫云英 ×（1+60%）；

接种根瘤菌的苕子＝未接种根瘤菌的苕子 ×（1+40%）。

根据以上数据可以看出，应大力发展根瘤菌剂，在农业生产上可以取得显著成就。

第六章　固氮菌肥的制备与应用

根瘤菌需与豆科植物共生才能固定空气中的氮。在土壤中还有另外一类微生物，不需要与豆科植物共生也能固定大气中的氮，这种微生物叫自生固氮菌。

自生固氮菌种类较多，当前，供制造固氮菌肥的自生固氮菌的菌种为圆褐固氮菌。

第一节　固氮菌的特征

固氮菌属于生存在土壤中的一种特殊的好气性细菌，对于植物的作用与根瘤菌相差不大，主要是从空气中吸收氮素养料，并分泌生长素物质以帮助植物生长。

固氮菌主要是通过作物的根外活动来丰富土壤中的氮素，而不是形成根瘤来帮助作物的生长。同时，它的作用范围也不限于豆科作物，对于小麦、棉花、马铃薯、大白菜等同样都有丰产效果。

一、固氮菌的形状及呈现方式

在显微镜下对固氮菌的形态进行观察。在最初的成长期，也就是幼小时期，呈现的是短杆状，整体比较粗，之后会慢慢缩短，变成圆形或椭圆形。

在显微镜下进行观察，能够看到这些细胞或独立存在，或两三个结合在一起，呈现出类似花生一样的形状。荚膜包裹着固氮菌细胞，在固体培养基上，形成黏液状的菌落，就像我们平时所吃的淀粉糊糊[1]。

---

[1]　福建师范学院化学系勤工俭学小组 . 细菌肥料 [M]. 福州：福建人民出版社，1959：34.

固氮菌在以下培养基中不生长。

（1）蛋白胨水内；

（2）肉汤培养基中；

（3）明胶内。

在马铃薯块上逐渐呈现出褐色或黄色。当前，生产中所用的固氮菌的固氮能力及菌种的适应性都较强。通常情况下，使用较多的菌株有：

（1）八〇一一；

（2）八〇一三；

（3）八〇一五；

（4）八〇一六。

生产时必须大于或等于 3 株。

二、固氮菌适宜的温度及酸碱度

（一）固氮菌最适宜温度

（1）固氮菌最适宜温度：20 ～ 30 ℃；

（2）所能承受最低温度：10 ℃；

（3）所能承受最高温度：40 ℃；

（4）死亡温度：60 ℃，且 10 min 之内死亡。

（二）固氮菌最适宜酸碱度

固氮菌最适宜 pH 值为 7.5 ～ 7.6。

三、固氮菌种类区分

由于固氮菌种类比较多，常通过其产生的色素进行区分。

（1）有的形成棕色的色素，待培养一段时间后，又可以变为黑色或暗褐色；

（2）有的产生绿色或棕褐色色素。

四、固氮能力

如果培养基中不含氮，那么固氮菌为了获取氮素营养，就会自己从大气中固定氮素。需要注意的是，只有供给了一定量的碳素，才会获得氮素，碳素就是淀粉或糖等。

固氮菌固定氮素的能力有两个决定性条件。

（1）固氮菌自身的固氮能力；

（2）固氮菌的发育条件。

只有有效的固氮菌才具备强大的固氮能力，无效的固氮菌其固氮能力较弱。固氮菌与根瘤菌的固氮能力也会不断变化，根据其生活条件的变化，固氮能力可能变弱，也可能变强[①]。

第二节　固氮菌的作用及其分布

一、固氮菌作用

（一）固氮菌共生性很强

固氮菌在植物的根部时，可利用根的分泌物促进自身的发育，分泌物中含有大量的有机酸和糖，这些营养物质对固氮菌良好地生长有很大影响。

固氮菌可与其他细菌共生，如与维生素分解的细菌共生。植物根死亡之后，维生素会将其分解为糖类，用以供给固氮菌的需求，固氮菌通过氮素供给纤维素以分解细菌，可以增加土壤里的氮素。植物获得氮素后，产量就会得到提升。

（二）促进植物生长

在这里所说的植物，指的都是幼龄植物，固氮菌对其生长具有刺激作用，主要与固氮菌细胞里存在维生素有关。

---

① 莱阳农学院土壤肥料教研组 . 菌肥 [M]. 济南：山东科学技术出版社，1978：45.

（三）促进根际微生物发育

固氮菌能促进根际微生物的发育，对植物生长有非常好的作用。为了促使以下4种细菌得以很好地发育，可以将固氮菌施入植物根际及周围的土壤。

（1）根瘤菌；

（2）厌气性固氮细菌；

（3）硝化细菌；

（4）纤维素分解细菌。

（四）加强根际微生物生命活动

固氮菌可以加强根际微生物的生命活动，促进土壤有机物质的分解作用，使复杂物质变成简单物质，增加植物氮素及灰分元素的养料。

二、固氮菌分布

（一）固氮菌的分布

并非所有的土壤中都有固氮菌。通常情况下，在以下几类地方可以分离出固氮菌。

（1）施过石灰的土壤；

（2）非酸性土壤；

（3）施用过腐殖质碳酸盐的潮湿性土壤。

（二）固氮菌的具体分布

固氮菌出现较少的地方有以下几处。

（1）泥炭土；

（2）酸性土壤；

（3）生荒地土壤。

在这些地方发现的固氮菌非常少，数量甚至比经常耕作的土壤还少。通常情况下，固氮菌在植物根部发育。

固氮菌出现较多的地方有以下几处。

（1）橘子、茶树、柠檬、油桐等植物的根际；

（2）中性土壤；

（3）含有很多腐殖质的土壤；

（4）施入有机肥料的土壤。

植物根际的固氮菌较多，是因其本身的发育需要利用根的分泌物中的营养物质，如糖类、有机酸类等。

它还能和纤维素分解细菌共生，其共生原因如图6-1所示。

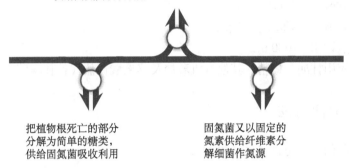

纤维素分解细菌在土壤中可以分解含纤维素的有机物质，供给固氮菌吸收利用

把植物根死亡的部分分解为简单的糖类，供给固氮菌吸收利用

固氮菌又以固定的氮素供给纤维素分解细菌作氮源

图6-1　共生原因

它们之间相互促进，加速土壤中物质的转化，使作物能得到需要的各种养分。此外，固氮菌还能分泌维生素类和生长素类物质，促进植物的生长发育。

第三节　如何分离固氮菌

一、培养基成分

分离固氮菌所用的培养基有两种。

（一）培养基成分一

（1）磷酸氢二钾（K_2HPO_4）: 0.2 g；

（2）甘露醇: 20 g；

（3）蒸馏水：1000 mL；

（4）碳酸钙（$CaCO_3$）：5 g。

（二）培养基成分二

（1）磷酸氢二钾（K_2HPO_4）：0.2 g；

（2）甘露醇：10 g；

（3）氯化钠（NaCl）：0.2 g；

（4）硫酸镁（$MgSO_4 \cdot 7H_2O$）：0.2 g；

（5）碳酸钙（$CaCO_3$）：5 g；

（6）硫酸钙（$CaSO_4$）：5 g；

（7）蒸馏水：1000 mL。

可以使用甘油、糊精、其他有机酸盐及苹果酸钙盐代替甘露醇。

二、分离方法

固氮菌的分离方法如图 6-2 所示。

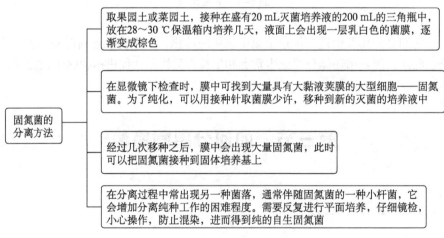

图 6-2　固氮菌的分离方法

三、从土壤表面获取固氮菌

从土壤表面获取固氮菌，其方法主要有以下几个步骤。

（1）取 500 g 经过风干且磨碎过筛的土壤，加入培养皿；

（2）加入下列物质：

①甘露醇：1 g；

②淀粉：5 g；

③磷酸氢二钾（K_2HPO_4）：0.15 g。

（3）在土壤中加水进行搅拌，直至变成泥浆状；

（4）充分混合后进行摊平，表面保持光滑；

（5）将培养皿放置在温暖的地方，温度约为 25 ℃；

（6）大约经过 3 天的时间，土壤表面会出现像露珠一样的泡形，这就是固氮菌；

（7）之后再持续 2 天左右，土壤表面就会出现白色菌落，整体呈现黏液状；

（8）最后会慢慢变成黑褐色，挑选菌落移种至灭菌培养液，再进行纯化，即可得到纯菌。

第四节　如何选择优良菌株

分离出来的菌株，怎样测定它的固氮能力呢？主要有以下两种方法。

一、固体测定法

（一）固体测定法的步骤

（1）将斐多罗夫琼脂培养基加入灭菌培养皿中，用量及大小如下。

①斐多罗夫琼脂培养基：10 mL；

②培养皿：直径 9 mm。

（2）冷却之后，将上面分离的固氮菌接种到培养基里。

①菌种菌龄：3 天；

②接种量：一个接种环。

（3）接种后将其涂匀，在 28 ℃保温箱中培养 28 h；

（4）将其取出后，放在 60 ℃的烘箱当中烘干 2 h，将水分排干；

（5）用镊子将其取出，放在凯氏瓶里，使用凯氏测氮法测定含氮量。

（二）斐多罗夫琼脂培养基成分

（1）磷酸氢二钾（K_2HPO_4）：0.3 g；

（2）葡萄糖：20 g；

（3）硫酸钾（K_2SO_4）：0.2 g；

（4）磷酸氢钙（$CaHPO_4$）：0.2 g；

（5）硫酸镁（$MgSO_4 \cdot 7H_2O$）：0.3 g；

（6）氯化钠（NaCl）：0.5 g；

（7）三氯化铁（$FeCl_3$）：0.1 g；

（8）琼脂：20 g；

（9）碳酸钙（$CaCO_3$）：5 g；

（10）蒸馏水：1000 mL；

（11）微量元素溶液：1 mL。

其中，微量元素溶液有以下几种成分。

（1）钼酸铵 $[(NH_4)_2MoO_4$：0.5 g；

（2）硼酸（H_3BO_4）：5 g；

（3）碘化钾（KI）：0.5 g；

（4）硫酸锌（$ZnSO_4$）：0.2 g；

（5）溴化钠（NaBr）：0.5 g；

（6）硫酸铝 $[Al_2(SO_4)_3]$：0.3 g；

（7）蒸馏水：1000 mL。

二、液体测定法

将 100 mL 斐多罗夫琼脂培养基放在 300 mL 的三角瓶内，灭菌后接入分离的固氮菌纯菌，将其培养在 28 ℃的保温箱中，每天摇动一次，21 天后，可以用凯氏测氮法将所固定的氮素量测定出来。

固体测定法和液体测定法测定的氮素含量如果比较多，则证明这个菌株有很强的固氮能力，可以选用。

第五节 制备固氮菌剂的方式

一、固氮菌剂培养基成分

固氮菌剂和根瘤菌剂的制造方法一样，有液体培养，也有固体培养，但培养基的成分是不一样的。

（一）自生固氮菌培养基成分

（1）磷酸氢二钾（K_2HPO_4）：0.2 g；

（2）蔗糖：15～20 g；

（3）硫酸钙（$CaSO_4$）：0.1 g；

（4）硫酸镁（$MgSO_4 \cdot 7H_2O$）：0.2 g；

（5）碳酸钙（$CaCO_3$）：5 g；

（6）氯化钠（NaCl）：0.2 g；

（7）洋菜：15 g；

（8）水：1000 mL。

（二）苯甲酸钠培养基成分

（1）磷酸氢二钾（K_2HPO_4）：0.2 g；

（2）苯甲酸钠：1.5 g；

（3）硫酸钙（$CaSO_4$）：0.1 g；

（4）硫酸镁（$MgSO_4 \cdot 7H_2O$）：0.2 g；

（5）碳酸钙（$CaCO_3$）：5 g；

（6）氯化钠（NaCl）：0.2 g；

（7）洋菜：15 g；

（8）水：1000 mL。

（三）洋菜重用培养基成分

（1）磷酸氢二钾（K_2HPO_4）: 0.1 g；

（2）蔗糖: 15 g；

（3）硫酸钙（$CaSO_4$）: 0.05 g；

（4）硫酸镁（$MgSO_4 \cdot 7H_2O$）: 0.1 g；

（5）碳酸钙（$CaCO_3$）: 2.5 g；

（6）氯化钠（NaCl）: 0.1 g。

蔗糖是供应自生固氮菌生长的碳源，因此，只要有碳源物质都可以进行应用。如果用糖稀代替蔗糖，也可以取得较好的效果。

磷酸氢二钾供给磷、钾并起缓冲酸碱度的作用。如果磷酸盐缺乏，就需要使用 0.2 g 氯化钾及 0.6～1.0 g 过磷酸钙进行替代，同样能够解决问题。

若想获得粗制碳酸钙，可以将石灰乳之沉淀渣暴露在空气中好几天，就可以得到；精制物可以用粗制物代替。因此，改良该方法，不仅可以降低成本，还可以解决原料缺乏的问题。

复用洋菜，不仅解决了洋菜供应问题，还降低了成本，可以复用数次，最多可达到十几次。因此，应大力提倡洋菜的反复利用。应用时，将首次培养基用清水冲洗几次，熔化量取 1000 mL，再按洋菜重用培养基配方加药搅拌分装灭菌[①]。

液体方法可以大量应用于生产。其配方和操作与固氮菌基本一致，只是不加洋菜。在培养过程中，需要每四小时振荡一次，以维持足够的气体。

二、固氮菌剂生产方法

固氮菌剂生产方法如图 6-3 所示。

---

① 王岳，金章旭 . 菌肥及其制造与使用 [M]. 福州：福建人民出版社，1962：45.

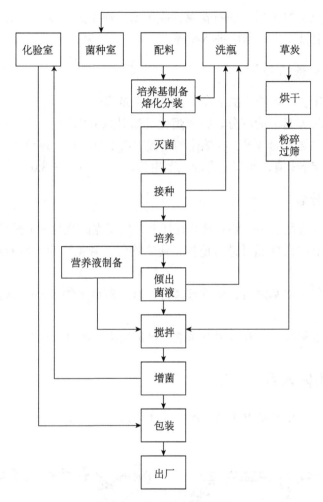

图6-3　固氮菌剂生产方法

三、培养基制备与分装工序

将各种培养基原料进行熔化及分装，再灭菌。在操作时，需要做到以下要求。

（一）配料

（1）根据上面的配方，准确称量各种成分的重量，按每万毫升进行包装。

（2）洋菜称好之后，洗石花菜，应用水浸泡1天，并在浸泡的过程中多次换水，将其洗干净，然后进行搅碎。

（二）制备培养基

（1）一定要把容器清洗干净，再熔化培养基；

（2）将培养基中的成分，按照熔化的毫升数分别加入。因在火上直接熔化很容易出现烧焦的情况，在熔化的过程中需不断搅拌，避免烧焦；

（3）测定pH值，使其适合固氮菌生长，pH = 6.8 ～ 8.0。

（三）分装

（1）将克氏瓶洗净，整齐排列在架上，根据克氏瓶的刻度分装培养基。

（2）分装时需要随时进行搅拌，使之均匀，避免沉淀。培养基不能粘在瓶口。

（3）装好培养基之后，将棉塞塞好，塞入瓶口大约5 cm，松紧适度，再用纸包好。

（4）仔细检查，没有破裂及炸痕，容量及格，就可以灭菌。

四、固体培养

固体培养采用的是克氏瓶，如图6-4所示。

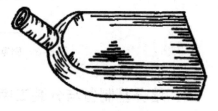

a 500 mL 克氏瓶　　　　　　　　b 1000 mL 克氏瓶

图6-4　克氏瓶

培养时间为3天。培养完成后，把固体培养基面上的固氮菌洗下，成为菌液，具体步骤如下。

（1）用以上成分配制成斜面培养基，灭菌后进行接种培养；

（2）通常情况下，温度与时间如下。

①接种培养温度：28～30 ℃；

②接种培养天数：3～4 天。

（3）然后进行扩大培养。扩大培养时，应注意以下问题。

①先将扩大培养的培养基装入扁平的克氏瓶中；

②进行灭菌处理后摆成平面。

（4）再进行接种培养。通常情况下，温度与时间如下。

①接种培养温度：28～30 ℃；

②接种培养时间天数：3～4 天。

（5）培养好后，观察有无杂菌感染；

如发现有杂菌感染，需去除感染的菌种，并在此基础上，选择典型纯正的菌种，用无菌水刷下菌苔，稀释到一定的含菌量后，拌入灭过菌的吸附剂：即成为所需要的固氮菌肥料。吸附剂主要有以下几种。

（1）泥炭土；

（2）菜园土；

（3）肥沃土壤。

五、液体培养

液体培养采用发酵罐，培养时间为 2 天，培养完成后成为菌液。

不论是固体培养还是液体培养，形成的菌液都可以拌在带菌剂中。拌菌的时候，每 60 kg 带菌剂需要加入以下这些物质。

（1）过磷酸钙：400 g；

（2）白糖：100 g；

（3）石灰。

使用石灰调节菌液的酸碱度，即 pH 值。通常情况下，带菌剂可以使用以下这几种物质。

（1）泥炭土；

（2）肥沃土壤；

（3）菜园土。

六、检验成品规格

（一）固氮菌剂检验步骤

固氮菌剂和根瘤菌剂的检验步骤是一样的，如图 6-5 所示。

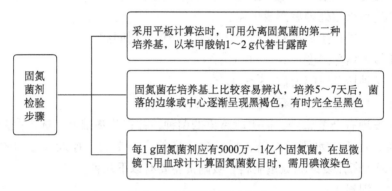

图 6-5　固氮菌剂检验步骤

（二）碘液配方

在 100 mL 水中溶解以下物质：

（1）碘化钾 20 g；

（2）碘 7 g。

溶解的顺序也按照以上标号进行，先在水中溶解碘化钾，再将碘加进去。

七、活体染色法

染色的时候，可以根据以下步骤进行。

（1）吸取 0.5 mL 菌液到小试管当中；

（2）再加入 0.5 mL 碘液。

将以上两种物质充分混合，碘液就会将固氮菌细胞染成棕色，即活体染色。

八、注意事项

（1）固氮菌剂在没有被使用时，要保证干燥。

（2）可以将固氮菌剂保存在阴凉、清洁的室内。

（3）不可日晒，不可淋雨。

（4）固氮菌也有"保质期"，即制造完成后最多只能储藏 3 个月，需要在这个时间段内将其用完。超过"保质期"，固氮菌剂中的固氮菌会减少，肥料的质量也会降低。

第六节　制备固氮菌剂的土法

一、泥盘培养法

近年来，关于制备固氮菌剂的土法，我国各地创造发明了很多。其中，泥盘培养法比较突出，即根据泥盘分离固氮菌的方法。

通过这个方法得到的菌剂，会受到土壤中原有的菌数的影响，即原菌数会决定固氮菌数。通常情况下，在泥盘接种固氮菌，需在 25 ~ 28 ℃的条件下，培养 3 天左右，这样不仅可以让泥面上的菌落迅速出现，还能人工增加菌数。

需要的时候，刮下菌剂就能使用，或者在土壤里施用全部的泥土。泥盘培养法在很多地方逐步得到广泛推广。

二、大堆制法

大堆制法是由中国农业科学院提出的，其制作步骤如下。

（一）原料成分及质量

（1）肥沃的土壤：50 kg，这里所说的土壤不能带有病害，可以是塘泥、沟泥或河泥。

（2）煤灰或柴草灰：0.5 ~ 1 kg。

（3）过磷酸钙：0.25 kg。

（4）浓米汤：2.5 ～ 5 kg。

浓米汤也可以用以下物质进行替代：

①糠渣：1 ～ 1.5 kg；

②甘薯水：5 kg；

③细糠：1 ～ 1.5 kg。

（5）菌源：由菌肥厂制备的固氮菌剂：0.125 ～ 0.25 kg。

（二）制备步骤

1. 将这些物质混合均匀后进行堆积

（1）将混合物湿润，但不能沾手，25 ℃ ≤ 温度 ≤ 30 ℃，每天都要对混合物进行倒翻，还要对其进行洒水，调节湿度和温度；

（2）16.7 cm ≤ 堆高 ≤ 33.3 cm，并将底部垫空，堆中打洞，方便空气流通。

2. 如果不堆积

（1）将其用筐篓装载，每筐 ≈ 25 kg，并放置在架子上；

（2）保持 3 ～ 5 天，将其移至阴凉处，即可备用。

用大堆制法制作的菌剂，每亩可以使用几十千克，在根系的附近可以施用，作为追肥或基肥。在施用之前将 6% 的植物源杀虫剂与其他粪肥混合，不仅能除虫，还能肥田。

第七节　固氮菌剂的使用及注意事项

一、固氮菌剂的使用

（一）固氮菌剂适用品种

固氮菌剂的适用品种包括以下几类。

（1）根茎作物；

（2）谷类；

（3）蔬菜。

（二）使用方法

使用方法如图 6-6 所示。

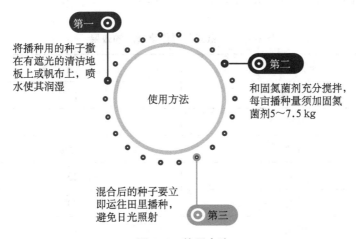

第一
将播种用的种子撒在有遮光的清洁地板上或帆布上，喷水使其润湿

使用方法

第二
和固氮菌剂充分搅拌，每亩播种量须加固氮菌剂5～7.5 kg

混合后的种子要立即运往田里播种，避免日光照射
第三

图 6-6　使用方法

如果在马铃薯上施用固氮菌肥，应先润湿种薯，再与固氮菌剂进行拌种。

当固氮菌肥被用作追肥时，需要在作物根部施用固氮菌剂。施用时，一定要供给充足的有机质和水分。

二、提高肥效方式

1955—1956 年，福建省农业综合试验站在福州东门进行了一项试验，目的是试验固氮菌对小麦的增产效果。

研究结果表明，固氮菌对小麦有增产效果的举措有以下几项。

（1）无机肥料与有机肥料进行混合施用；

（2）磷素含量非常高；

（3）适宜的 pH 值。

用福建连城磷矿粉或江苏海州磷矿粉施用于小麦，然后接种固氮菌，就可以有效提高肥效。

三、固氮菌剂对作物增产的效果

中国科学院林业土壤研究所的相关报告数据显示，施用了自生固氮菌的作物，5%≤平均增产率≤25%。

使用固氮菌剂后增产的效果如表6-1所示。

表6-1　固氮菌剂对作物增产的效果

作物品种	平均增产率
马铃薯	13%
稻谷	10%
高粱	8%
亚麻	25%
甜菜	20%
棉花	13%

吉林农业科学研究所通过研究发现，使用固氮菌肥料后，玉米增产了16%，甘薯增产了14%，稻谷增产了48%。

四、固氮菌剂对主要作物的效果

此外，通过试验发现，采用固氮菌剂进行接种，作物的增产效果并不稳定、一致。我们认为原因主要在于未给施入土壤里的固氮菌的生命活动创造合适的条件。

固氮菌剂对主要作物的效果如表6-2所示。

表6-2　固氮菌剂对主要作物的效果

作物品种	试验的数目／次	增产的试验数（增产效果出现概率）	对照产量／（kg/亩）	增产量／（kg/亩）
冬小麦	5	60%	118	10.5
春小麦	18	83%	188	14

作物品种	试验的数目 / 次	增产的试验数（增产效果出现概率）	对照产量 /（kg/ 亩）	增产量 /（kg/ 亩）
马铃薯	9	66%	209	9
大麦	2	100%	1506	111

五、保证固氮菌的有效性

保证固氮菌的有效性，需要注意以下问题。

（一）土壤的 pH 值

固氮菌在酸性土壤中难以发育，因此，一旦处在酸性土壤中就会面临死亡。

举个例子，有一片放牧草地：

（1）在 2 年内，不施用石灰，也不施用固氮菌剂，单施用有机肥料，则每亩牧草的产量是 397.5 kg；

（2）在 2 年内，只接种固氮菌，则每亩牧草的产量是 463.5 kg；

（3）在 2 年内，只施用石灰，则每亩牧草的产量是 497.5 kg；

（4）在 2 年内，既施用石灰，又施用固氮菌剂，则每亩牧草的产量是636.5 kg，产量大幅提升。

（二）土壤的磷素

施用磷肥，尤其是颗粒状磷肥，对固氮菌的生长及发育有非常好的作用。施用磷肥对固氮菌剂效果的影响如表 6-3 所示。

表 6-3　磷肥对固氮菌剂效果的影响

试验处理	小麦产量 /（kg/ 亩）
对照（不处理）	121
固氮菌剂	143
粉状过磷酸钙	156

试验处理	小麦产量 /（kg / 亩）
粉状过磷酸钙 + 固氮菌剂	181.5
固氮菌剂	143
颗粒过磷酸钙	204
颗粒过磷酸钙 + 固氮菌剂	218

如果土壤中磷元素极为匮乏，固氮菌剂的效果就会差很多，甚至会引起减产。在这种情况下，固氮菌与植物都会争夺磷素，对植物的生长极为不利。

（三）土壤的有机质

固氮菌要想发育繁殖，有机质是必不可少的碳素营养。有机质主要有以下几个优点。

（1）改良土壤中微生物的生命活动；

（2）改良土壤；

（3）促进固氮菌良好地发育。

相关研究表明，栽培马铃薯及玉蜀黍，使用厩肥后，不施肥土壤中的产量比使用固氮菌剂的效果至少降低 50%。

有机肥料对固氮菌剂效果的影响如表 6-4 所示。

表 6-4　有机肥料对固氮菌剂效果的影响

单位：kg/ 亩

作物品种	施肥	产量		增产量
		接固氮菌剂	未接固氮菌剂	
马铃薯	施厩肥	1143	1133	280
	未施厩肥	820	727	93
玉蜀黍	施厩肥	487	365	122
	未施厩肥	413	367	46

固氮菌和有机肥料一起施用的话，可以保证棉花产量稳步提升。近年来，各地广施有机质肥料，土壤里有机质的含量较过去增加很多，从而施用固氮菌剂的效果也更好。

（四）土壤的湿度

使用固氮菌剂，要想达到非常好的效果，就不宜处于干燥的环境当中。之前有一家农场做了相关试验，即为了验证固氮菌剂对小麦的效果，在试验的前半段时间，雨量非常充足，为固氮菌的生长活动创造了非常好的条件，经过对比发现：

（1）不施固氮菌剂时，收获量为 88 kg/ 亩；

（2）施用固氮菌剂时，收获量为 121 kg/ 亩。

对比另外一家农场，湿度条件比较差，降雨量少。在这种情况下，小麦的产量及固氮菌剂的肥效均受到极大的影响，出现了以下两种情况：

（1）不施固氮菌剂时，收获量为 40 kg/ 亩；

（2）施用固氮菌剂时，收获量为 40 kg/ 亩。

因此，可以得出结论：在干旱的条件下，固氮菌剂的作用几乎为零，即没有任何效果。

此外，有人还做过试验，即对田地进行灌溉，对春小麦施用固氮菌剂，并对其效果进行比较，出现了以下两种情况：

（1）进行灌溉，春小麦产量为 172 kg / 亩，施用固氮菌剂后收获量每亩为 202.5 kg；

（2）未进行灌溉，春小麦产量为 85 kg/ 亩，施用固氮菌剂时收获量每亩未增产。

（五）熟化的、有结构性的土壤

在熟化且有结构的土壤中，固氮菌剂发育良好，通过甜菜试验可以得出以下结论。

1. 在弱度熟化的土壤中

（1）施用固氮菌剂，甜菜的产量为 1014 kg/ 亩。

（2）未施用固氮菌剂，甜菜的产量为 960 kg/ 亩。

2. 在熟化度高的土壤中

（1）施用固氮菌剂，甜菜的产量为 2021 kg/ 亩。

（2）未施用固氮菌剂，甜菜的产量为 1870 kg/ 亩。

因此，要想提高固氮菌的效果，一定要在土壤中为固氮菌创造良好的生存条件。此外，还需针对不同土壤及植物，对固氮菌剂的施用数量进行综合控制。

通常情况下，要想提高产量，可以加大用菌剂量。与此同时，为了使固氮菌更好地适应本地的气候条件，制造固氮菌剂时最好能够分离出适应当地的固氮菌。

第八节　固氮菌剂在农业实践中的意义

一、发展可持续性现代农业

在大自然中，无论是植物、动物还是微生物，氮都是不可或缺的元素。在全世界，农业中对氮的需求量也在渐渐提升。化肥虽然对农业生产有很大影响，可以提升农业生产水平，但负面影响也不容小觑，如对地下水的污染等。

一些原核生物通过身体内的固氮酶，可以把空气里的氮气还原成氮，提供给植物生长必不可少的氮素。因此，通过生物固氮能够带来以下好处。

（1）减少环境污染；

（2）发展可持续性现代农业。

二、对生态农业开发的意义

能够进行生物固氮的微生物分布范围极其广泛，在前面也详细地展开了阐释，主要有共生固氮菌及自生固氮菌等。

共生固氮菌因其具有非常紧密的共生结构，因此，受到外界环境的干扰很小，具备很高的固氮效率。自生固氮菌的效率不如共生固氮菌，固氮量及效率都比较少。

然而，无论是共生固氮菌，还是自生固氮菌，都可以增加土壤里的有机含氮化合物，对环境保护和生态农业开发都有重大意义。

三、固氮菌在农业中应用广泛

在农业中，固氮菌作为微生物肥料，具有非常广泛的应用范围，可以促进农作物增产，减少使用氮肥。

固氮菌肥对于可持续发展的农业事业有非常大的贡献，减少了环境污染，在农业上广受欢迎。

第七章　丁酸菌肥的制备与应用

根瘤菌可以与植物共生，自生固氮菌具有好气性的特点，两者皆可以固定空气中的氮素。此外，土壤中还有丁酸细菌，是厌气型的[①]。

厌气型，顾名思义就是在缺氧的环境下还能生长，不仅能有效固定氮素，还能提高土壤的肥力，因此，丁酸细菌也可以作为一种菌肥。

第一节　丁酸细菌的特征

一、丁酸细菌的形态

丁酸细菌的形态如图 7-1 所示。

图 7-1　丁酸细菌的形态

---

① 王岳，金章旭 . 菌肥及其制造与使用 [M]. 福州：福建人民出版社，1962：62.

如图 7-1 所示，丁酸细菌的外形整体呈杆状，两端为钝圆形，通常情况下单独存在，不成链状，有鞭毛，没有荚膜，可以运动。

二、丁酸细菌芽孢

通常情况下，在营养不良时丁酸细菌很容易生成芽孢，其形状有的是梭状，有的是鼓槌状，用革兰氏碘液将丁酸细菌染色，呈现出阳性反应。

第二节　丁酸细菌的作用及其分布

一、丁酸细菌的分布

丁酸细菌广泛分布于各种类型的土壤中，与农作物根部的生长和土壤的肥沃度有非常大的关系。农作物根部要生长得好、生长得多，就必须要有肥沃的土壤[①]。

丁酸细菌不仅能将不溶性的钾、磷化合物进行转化，还能固定空气中的氮素，为植物增加肥料。它的作用主要有以下几方面。

二、丁酸细菌的固氮作用

丁酸细菌的固氮作用如图 7-2 所示。

---

① 莱阳农学院土壤肥料教研组 . 菌肥 [M]. 济南：山东科学技术出版社，1978：45.

129

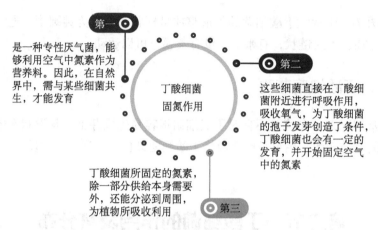

图 7-2　丁酸细菌的固氮作用

第一　是一种专性厌气菌，能够利用空气中氮素作为营养料。因此，在自然界中，需与某些细菌共生，才能发育

第二　这些细菌直接在丁酸细菌附近进行呼吸作用，吸收氧气，为丁酸细菌的孢子发芽创造了条件，丁酸细菌也会有一定的发育，并开始固定空气中的氮素

第三　丁酸细菌所固定的氮素，除一部分供给本身需要外，还能分泌到周围，为植物所吸收利用

三、磷的转化作用

（一）不溶性磷酸盐

不溶性磷酸盐存在于土壤中，主要有以下 3 种。

（1）铁盐；

（2）钙盐；

（3）镁盐。

它们只能通过酸进行转化，不能直接被植物作为养料所吸收。丁酸细菌在代谢的整个过程中会产生有机酸，与不溶性的磷酸钙发生作用，将其溶解成可溶性磷化合物，从而增加植物磷的吸收。

（二）发酵之后的化学反应

发酵后，产生二氧化碳（CO_2），进而发生如下化学反应：

$$CO_2+H_2O = H_2CO_3$$

二氧化碳遇水反应之后生成碳酸盐，也能使不溶性的磷酸钙变为可溶性的。

四、钾的转化作用

（一）可溶性钾盐

土壤中，下列这些物质分布很广，例如：

（1）铝；

（2）钾；

（3）硅酸盐。

通常情况下，虽然土壤中含钾量非常丰富，但含钾物质大部分都是不溶性的，难以直接被植物所吸收和利用。

丁酸细菌能够分解很多种不溶性的含钾物质，进而转化成为可溶性的钾盐。

（二）丁酸细菌与纤维素的作用

除了前面提到的，丁酸细菌还能与纤维素分解细菌共同作用，从而增加有机酸钙的积累，二氧化碳和有机酸钙皆可作为农作物的养料。

在丁酸细菌的整个生命旅程中，能够增加土壤中的磷、氮、钾等元素，以供给植物进行利用。近年来，全国各地对丁酸细菌肥料的实际应用进行了多种试验，并取得了一定的效果。

第三节　如何分离丁酸细菌

一、分离丁酸细菌的培养基成分

分离丁酸细菌，需要的培养基成分主要有以下几项。

（1）葡萄糖：20 g；

（2）肉汤：1000 mL；

（3）氯化钠（NaCl）：0.5 g；

（4）蛋白胨：10 g；

（5）硫酸镁（$MgSO_4 \cdot 7H_2O$）：0.3 g；

（6）硫酸钾（K_2SO_4）: 0.2 g；

（7）磷酸氢二钾（K_2HPO_4）: 0.1 g；

（8）硫酸铵［$(NH_4)_2SO_4$］: 1 g；

（9）碳酸钙（$CaCO_3$）: 20 g；

（10）三氯化铁（或硫酸亚铁）（$FeCl_3$ 或 $FeSO_4$）: 0.1 g；

（11）琼脂: 15 g。

二、分离纯种丁酸细菌的方法

（一）分离纯种丁酸细菌的步骤

分离纯种丁酸细菌的步骤如图 7-3 所示。

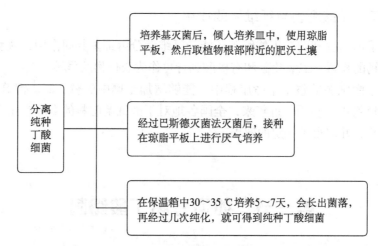

图 7-3　分离纯种丁酸细菌

（二）巴斯德灭菌法的步骤

巴斯德灭菌法主要包括以下 3 个步骤。

（1）在无菌水中加入一定量的土壤；

（2）将其放在水浴锅中，加热至 100 ℃；

（3）大约 10 min 后，非孢子细菌被杀死，仅孢子细菌存活。

（三）厌气培养

厌气培养的步骤主要有以下几点。

1.有干燥器及抽气机设备的情况

（1）准备真空干燥器，其底部装有 200 mL 左右的焦性没食子酸钾，作用是吸收干燥器内的氧气；

（2）将培养皿放在干燥器中；

（3）用抽气机把干燥器里的空气抽走，使其成为无氧环境；

（4）注入惰性气体或 CO_2。

2.没有相关设备的情况

（1）将培养皿放普通干燥器中，并在干燥器内点燃一支蜡烛；

（2）把干燥器盖好，如果蜡烛熄灭，则氧气减少。

三、液体无氮培养基分离丁酸细菌

（一）液体无氮培养基成分

分离丁酸细菌，需要液体无氮培养基，其成分主要包括以下几项。

（1）磷酸氢二钾（K_2HPO_4）: 1 g；

（2）葡萄糖: 20 g；

（3）氯化钠（NaCl）: 微量；

（4）硫酸镁（$MgSO_4 \cdot 7H_2O$）: 0.5 g；

（5）硫酸锰（$MnSO_4$）: 微量；

（6）硫酸亚铁（$FeSO_4$）: 微量；

（7）水: 1000 mL。

（二）液体无氮培养基分离步骤

液体无氮培养基分离步骤如图 7-4 所示。

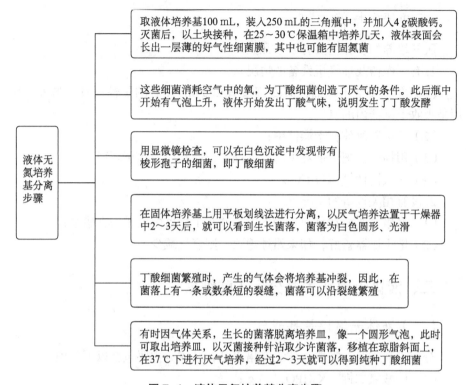

图7-4　液体无氮培养基分离步骤

第四节　制备丁酸菌剂的方式

丁酸细菌和固氮菌及根瘤菌是有很大区别的，其培养方法须使用液体厌气培养法。

要想保持很强的固氮能力，就一定不要加入含氮物质，而要加入无机盐和糖。

一、培养基的成分

培养基的主要成分如下。

（1）磷酸氢二钾（K_2HPO_4）：0.3 g；

（2）蔗糖或葡萄糖：20 g；

（3）氯化钠（NaCl）：0.5 g；

（4）硫酸镁（$MgSO_4 \cdot 7H_2O$）：0.3 g；

（5）硫酸钾（K_2SO_4）：0.2 g；

（6）碳酸钙（$CaCO_3$）：30 g；

（7）水：1000 mL。

二、丁酸菌肥的制作方式

丁酸菌肥的制作步骤如下。

（1）在前面分离的固体培养基试管中，接种在琼脂斜面培养菌种；

（2）培养两天左右，待其繁殖后，移种在无氮培养基里，之后就可以使用无氮培养液继续进行移种；

（3）每次移种之前，可以加热液体菌种，将培养瓶放在80 ℃水浴锅里加热大约15 min，之后立即进行接种；

（4）菌种经过加热后，在无氮培养液里可以迅速繁殖，如果被杂菌污染，可以进行杀灭；

（5）需要注意的是，通常情况下，操作的次数在6次为宜，次数过多孢子的生长就不会再增加；

（6）经过很多次扩大培养，3天后将其拌入泥炭土里或制成菌液，成为丁酸菌肥料。

三、丁酸菌肥的规格

丁酸菌肥料的规格如下。

（1）每克菌土含菌数≥2亿个；

（2）8亿个≤每毫升菌液含菌数≤10亿个；

（3）每克菌粉含菌数≥200亿个。

丁酸细菌菌液里的菌数，可以通过血球计算器进行计算。

第五节 丁酸菌剂的使用方式及效果

一、丁酸菌肥的使用方式

（一）丁酸菌剂的分类

丁酸菌剂可以分为以下 3 种。
（1）菌土；
（2）菌液；
（3）菌粉。

（二）加入水的量

在使用丁酸菌剂的时候，应加入一定量的水，具体的量如下。
（1）菌土：5 ～ 10 倍；
（2）菌液：30 ～ 60 倍；
（3）菌粉：400 ～ 500 倍。

（三）丁酸菌剂的作用

丁酸菌剂和水充分混合后成为悬浊液，再与植物种子进行拌和，或以植物幼苗的根蘸取菌液，从而把丁酸细菌带到土壤中。

如此操作，在植物的根部，丁酸细菌可以迅速繁殖，并为植物提供生长必备的养料。丁酸菌剂既可以单独追肥或作为基肥施用，也能与其他肥料混合施用。

二、丁酸菌肥的使用效果

（一）丁酸菌剂适用种类

丁酸细菌适用的种类有小麦、水稻及各类蔬菜。

（二）丁酸菌剂施用效果对比

（1）广东省内 13 个县，将丁酸菌剂应用在水稻中：
每亩施肥用丁酸菌肥料 0.5 ～ 1 kg= 未施用丁酸菌肥料 ×（1+14.4%）。

（2）五华县塔岗农场，将丁酸菌剂应用在稻田中：

每亩施1 kg丁酸菌肥料做基肥 = 每亩未施1 kg丁酸菌肥料做基肥 ×（1+11%）。

（3）东莞县英联农业社：

每亩施2.5 kg丁酸菌肥料做基肥 = 每亩未施2.5 kg丁酸菌肥料做基肥 ×（1+4%）；

用作追肥 = 未用作追肥 ×（1+5%）。

除了上述地区外，在我国南方地区（如浙江）、北方地区（如陕西）都有不同程度的增产。

（4）无锡蔬菜试验：

① 甘蓝每亩施用丁酸菌肥料 = 每亩未施用丁酸菌肥料 ×（1+86%）；

② 山芋每亩施用丁酸菌肥料 = 每亩未施用丁酸菌肥料 ×（1+11.4%）。

第六节　丁酸菌剂在农业实践中的意义

在中国，丁酸细菌作为一种非常新的细菌肥料，不论是应用还是推广，时间都不是很长。最新的研究材料表明，丁酸细菌在农作物增产方面，效果并不能给予充分的依据。

在使用丁酸菌剂时，主要需注意以下3个方面。

（1）使用范围；

（2）使用数量；

（3）使用方法。

在之后的实践及生产中，需要不断地进行研究和讨论。

第八章　磷细菌肥的制备与应用

第一节　磷细菌肥的意义

一、磷的作用

在植物生长的过程中，磷是一种必不可少的营养元素，如果土壤中缺乏磷，就会出现植物产量减少的现象[1]。

在植物生长发育初期，对磷是否缺乏异常敏感，如果在这个时间段内施用磷肥，有以下优点。

（1）可以促进根系的发育，使其发育得更好；

（2）能够促进出芽整齐；

（3）使作物吸收更多的养分和水分；

（4）提高作物的抗旱性、抗寒性；

（5）增强抗病能力；

（6）能促进作物体内碳水化合物的转化、运输；

（7）使作物茎叶生长健壮，籽实饱满。

二、磷细菌

（一）磷素分类

土壤中的磷素分为以下两类。

（1）无机态磷；

（2）有机态磷。

通常情况下，在土壤中其总含量为 0.05% ～ 0.15%。同时，土壤中的磷素大部分都不合作物"胃口"，处于很难被作物吸收的状态，称为无效磷，

---

[1]　山东农学院农药厂. 磷细菌肥 [M]. 北京：农业出版社，1979：4.

仅有很少一部分可以被作物吸收利用，称为有效磷。

（二）植物缺乏磷的原因

通常情况下，在土壤中，$200\ kg \leqslant 磷的存储量 \leqslant 250\ kg$。植物却经常感到缺乏磷，其原因主要有以下几点。

（1）土壤里绝大多数磷都是化合物状态；

（2）植物难以吸收，或几乎不能吸收；

（3）不同土壤中，$28\% \leqslant 磷的总储存量 \leqslant 80\%$，属于植物难以利用的有机化合物。

（三）转化磷化合物

将磷化合物转化为可给态的磷，需要通过土壤里某种微生物的生命活动来实现。微生物分解有机磷化物时，可以释放出磷酸，且是可溶性磷酸盐，容易被植物吸收，这种微生物就是磷细菌[1]。

（四）磷细菌分类

磷细菌分为两类。

（1）一类是转化无机态的无效磷为有效磷的无机磷细菌，在其生命活动过程中能够产生一种酸，可以溶解无机磷供作物吸收利用；

（2）另一类是转化有机态磷为有效磷的有机磷细菌，在其生命活动过程中所产生的酶，可以分解有机磷供作物吸收利用。

第二节　如何分离磷细菌

一、分离磷细菌培养基成分

分离磷细菌的培养基成分主要有以下几项。

（1）硫酸铵 $[(NH_4)_2SO_4]$：0.5 g；

---

[1]　山东农学院农药厂. 磷细菌肥 [M]. 北京：农业出版社，1979：5.

（2）葡萄糖：10.0 g；

（3）氯化钾（KCl）：0.3 g；

（4）碳酸钙（$CaCO_3$）：5.0 g；

（5）氯化钠（NaCl）：0.3 g；

（6）硫酸镁（$MgSO_4 \cdot 7H_2O$）：0.3 g；

（7）硫酸亚铁（$FeSO_4$）：微量；

（8）硫酸锰（$MnSO_4$）：微量。

二、硅胶平板制备法

（一）制备甲、乙溶液

1.配制甲溶液，即稀酸液

（1）20 mL 浓盐酸（比重 1.19）加 170 mL 蒸馏水。

（2）5 mL 浓硫酸（比重 1.84）加 140 mL 蒸馏水。

将上面这两种溶液进行混合。

2.配制乙溶液，即钠、钾水玻璃液

（1）14.4 g 硅酸钾（比重 1.08～1.10）加 313 mL 蒸馏水。

（2）57.7 g 硅酸钠（比重 1.08～1.10）加 313 mL 蒸馏水。

1 mL 甲溶液中和 1 mL 乙溶液，指示剂为溴麝香草酚蓝[①]。

（二）硅胶平板制备法

硅胶平板制备法主要步骤如图 8-1 所示。

（三）制备卵磷脂

制备卵磷脂的步骤主要包括以下几点。

（1）将新鲜烘干的蛋黄磨碎，烘干温度为 50 ℃；

（2）用酒精重复抽提多次；

（3）进行过滤，将酒精滤液进行浓缩；

（4）以丙酮沉淀，重复用丙酮洗涤直至出现淡黄色。

---

① 山东农学院农药厂.磷细菌肥 [M].北京：农业出版社，1979：10.

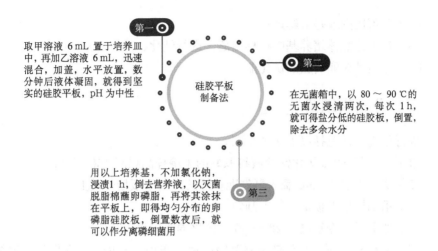

取甲溶液 6 mL 置于培养皿中，再加乙溶液 6 mL，迅速混合，加盖，水平放置，数分钟后液体凝固，就得到坚实的硅胶平板，pH 为中性

第一

硅胶平板制备法

第二

在无菌箱中，以 80 ~ 90 ℃的无菌水浸清两次，每次 1 h，就可得盐分低的硅胶板，倒置，除去多余水分

第三

用以上培养基，不加氯化钠，浸渍1 h，倒去营养液，以灭菌脱脂棉蘸卵磷脂，再将其涂抹在平板上，即得均匀分布的卵磷脂硅胶板，倒置数夜后，就可以作分离磷细菌用

图 8-1 硅胶平板制备法

三、琼脂平板制备法

（一）培养基成分

琼脂平板制备法的培养基成分主要有以下几项。

（1）琼脂：15 ~ 20 g；

（2）卵磷脂：0.1 g；

（3）硫酸铵 $[(NH_4)_2SO_4]$：0.5 g；

（4）葡萄糖：10.0 g；

（5）氯化钾（KCl）：0.3 g；

（6）碳酸钙（$CaCO_3$）：5.0 g；

（7）氯化钠（NaCl）：0.3 g；

（8）硫酸镁（$MgSO_4 \cdot 7H_2O$）：0.3 g；

（9）硫酸亚铁（$FeSO_4$）：微量。

在 15 磅的压力下，灭菌 20 min。

（二）琼脂平板制备法

琼脂平板制备法的制备步骤如下。

（1）在培养基中，加入多滴 1% 的土壤悬液或撒上微粒土壤；

（2）在 35 ~ 37 ℃中培养几天后，培养基上就会出现磷细菌的菌落；

（3）菌落周围就是溶解区；

（4）在上述液体培养基中接种菌落，进行纯化；

（5）测定其对卵磷脂的矿化能力。

四、分离磷细菌

进行分离时，包括以下 7 个步骤。

（1）用无菌 0.9% 氯化钠溶液将取好的土壤样品稀释 100 万倍；

（2）从中吸取 0.2 mL 滴入事先准备好的无菌平板培养基上；

（3）用刮棒在平板培养基上刮匀；

（4）把平板培养基放入 28 ～ 30 ℃的培养箱内培养 4 h；

（5）当平板表面的水分被培养基吸收后，再把平板培养基颠倒过来继续培养；

（6）持续 24 ～ 26 h 后，因培养基中加入的难溶性磷酸三钙或卵磷脂已被磷细菌溶解，被溶解部分就出现溶解圈；

（7）根据溶解圈的大小来初步选择菌种。

磷细菌产生的溶解圈如图 8-2 所示。

a 接种前的平板培养基不透明　　　　　b 接种后菌落周围有透明的溶解圈

图 8-2　磷细菌产生的溶解圈

五、磷细菌选种

为保证初选菌种的质量，应将初选菌种编号纯化。纯化是按无菌手续用接种环进行画线接种分离，从中选出有明显溶解圈、生长良好的，通过显微镜检查具有典型特征的菌落。

移植于斜面培养，再通过显微镜检查和对磷转化能力强弱的化验测定，从中选出转化有效磷含量高的菌种，并进行田间小区试验和大田试验。经试验确有增产作用的菌种，就可作为生产菌肥的菌种。

第三节　磷细菌的形态及培养特性

一、磷细菌菌落及形态

磷细菌是一种杆菌，可以形成芽孢，其长、宽尺寸如下。

（1）2.5 μm ≤长≤ 3.5 μm；

（2）1.8 μm ≤宽≤ 2.0 μm。

细胞中有颗粒状的内含物。在细菌生长的初期可以移动，生长后期的细菌就没有了运动能力。

革兰氏染色呈阳性，适宜的温度及酸碱度如下。

（1）35 ℃≤温度≤ 37 ℃；

（2）7.0 ≤ pH ≤ 7.5。

磷细菌菌落及形态如图 8-3 所示。

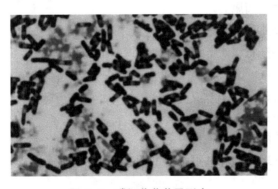

图 8-3　磷细菌菌落及形态

目前，我国各地推广应用的磷细菌有大芽孢杆菌、"T—39"磷细菌和"八三二"号磷细菌 3 种。

（一）大芽孢杆菌

大芽孢杆菌是 1954 年由前东北农科所和中国科学院林业土壤研究所，从东北的黑钙土中分离出来的巨大芽孢杆菌，又称大芽孢磷细菌或有机磷细菌。

大芽孢杆菌的形态如下。

（1）呈粗大的杆状；

（2）单生或成链状；

（3）有芽孢，着生于一端或中间；

（4）周身有鞭毛。

在卵磷脂琼脂培养基上，菌苔较厚，边缘整齐，表面光滑，呈灰白色，菌落周围有透明的溶解圈。

在生长过程中，最适温度及酸碱度如下。

（1）最适温度为 37 ℃；

（2）最适酸碱度为 7～7.5，培养过程中需要氧气。

（二）"T—39" 磷细菌

"T—39"磷细菌是中国科学院南京土壤研究所，于 1972 年从植物根系分离筛选出来的无机磷细菌，对磷酸三钙和磷矿粉有明显的溶解能力。经初步鉴定，为假单孢菌属。

"T—39"磷细菌的形态如下。

（1）呈短小杆状；

（2）单生；

（3）无芽孢；

（4）有荚膜；

（5）在菌体的一端有一根鞭毛。

在磷酸三钙琼脂培养基平板上的形态如图 8-4 所示。

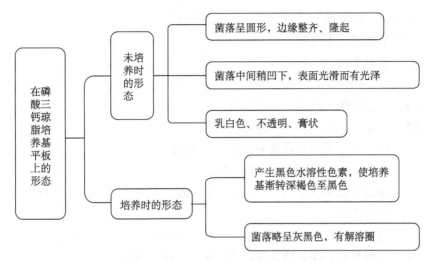

图 8-4　在磷酸三钙琼脂培养基平板上的形态

在磷酸三钙琼脂斜面上的形态如下。

（1）菌苔较厚，边缘整齐，表面光滑有光泽；

（2）初期为半透明状，后转为乳白色；

（3）产生水溶性黑色素，使斜面变成深褐色或灰黑色。

在生理特性上，需用以下物质作碳源时，可产生酸且能溶解磷；当用淀粉、糊精作碳源时，不产生酸。

（1）葡萄糖；

（2）蔗糖；

（3）甘露醇；

（4）木糖；

（5）半乳糖。

（三）"八三二"号磷细菌

"八三二"号磷细菌是山东农学院于 1971 年从山东益都近郊玉米地中分离所得。定名为无色杆菌属，有较明显的溶解磷酸三钙和磷矿粉的能力。

"八三二"号磷细菌菌体形态如下。

（1）呈细小杆状、单生、无芽孢；

（2）有荚膜和 1～4 根鞭毛，运动性强。

在土豆、葡萄糖斜面培养基上，形态如下。

（1）菌苔厚、不透明；

（2）稍有乳白色、油脂状。

在磷酸三钙合成的斜面培养基上，形态如下。

（1）生长稍弱，菌苔薄，较透明；

（2）培养一天后，培养基由浑浊变为透明。

在磷酸三钙合成的培养基平板上，形态如下。

（1）培养 3～4 天后，出现溶解圈；

（2）10 天后溶解圈直径可达 18～20 mm，菌落直径为 6～7 mm。

在生理特性上：

（1）对所用碳源有所选择，当利用葡萄糖作碳源时，产生酸；

（2）利用蔗糖、麦芽糖、乳糖作碳源时，不产生酸；

（3）不水解淀粉，也不分解纤维素，可利用蛋白胨或硫铵等作氮源。

在无氮培养基上不能生长，培养时要求通气。

二、磷细菌培养特性

（一）生长初期

生长初期是指培养之后 15～18 h，杆菌为一个个地分布。

（二）生长中期

培养之后 15～18 h，菌杆会成对联结起来。

（三）生长后期

在培养后期，渐渐形成短链。同时，在菌体的中间或一端形成芽孢。

磷细菌是一种微厌气型、好气性的细菌，在对其进行通气时，生长得非常好；在厌气的环境中，生长得就比较差。在平板上的菌落呈圆形，发亮，并从乳白色渐渐变成褐色[1]。

使用有机磷及碳酸钙的化合物作为培养基，在培养磷细菌时，因培养基具有酸化作用，在生长着菌落的周边也会形成一个区域，用于溶解碳酸钙。

---

[1] 山东农学院农药厂. 磷细菌肥 [M]. 北京：农业出版社，1979：12.

第四节　制备磷细菌剂的方式

一、培养基成分

（一）培养基具体成分

磷细菌在培养时，既可以使用固体培养法，也可以使用液体通气的方法。制备根瘤菌与固氮菌的方法同样也适用于磷细菌。

无论是液体培养基，还是固体培养基，其成分都是一样的，具体有以下两种。

（1）碳酸钙（$CaCO_3$）: 15～35 g；

（2）马铃薯汁: 1000 mL。

（二）马铃薯汁的制备方法

（1）把马铃薯削皮；

（2）切块之后称取 400 g；

（3）加入 1000 mL 的水，煮 60 min；

（4）将熟的马铃薯块捣碎，并用纱布进行过滤；

（5）加水使其体积变为 1000 mL。

二、液体培养

液体培养的时候：

（1）通气时间: 每 12 h 一次，每次 2 h；

（2）通气量: 每分钟通气量是培养液体积的 $\frac{1}{2}$。

液体通气培养磷细菌 24 h 之后，所得菌液：

（1）每毫升含菌数 2 亿～3 亿个；

（2）菌液可与带菌剂进行混合。

带菌剂可使用碳酸钙与泥炭土、糖进行混合。每 60 kg 的带菌剂可以加入 250 g 碳酸钙和 50 g 糖。菌液量为吸收剂的 30%，拌和均匀之后就可以进行应用。

成品检查与固氮菌及根瘤菌是一样的，可以选用马铃薯培养基，在 24 h 后将菌落计算出来，每克菌剂含有磷细菌 5 亿个。

三、制作流程

通常情况下，制作流程如图 8-5 所示。

图 8-5　制作流程

（一）斜面种子菌培养

1. 斜面种子菌培养的培养基的成分

（1）20% 的土豆浸出液；

（2）20% 的麸皮浸出液；

（3）10% 的新鲜棉籽饼浸出液。

2. 斜面种子菌培养步骤

在生产时：

（1）可任选一种培养基，加水煮 20 min；

（2）用双层纱布进行过滤；

（3）在每 1000 mL 的滤液中加入 5 g 碳酸钙，20 g 琼脂；

（4）调整酸碱度为 8 ～ 8.5，然后分装入试管进行灭菌；

（5）灭菌后趁热摆成斜面。

斜面培养基制成完毕后就可进行接种培养。

（1）大芽孢杆菌可在 35 ～ 37 ℃温度下培养 2 ～ 3 天；

（2）"八三二"号磷细菌要在 30 ～ 35 ℃温度下培养 1 ～ 2 天。

（二）扩大培养

通常情况下，液体扩大培养分二级培养。培养前先制备培养液。

1. 扩大培养的培养基成分

（1）麸皮：100 g；

（2）水：1000 mL。

2. 扩大培养的步骤

（1）将配制成的培养液煮沸 15 ～ 20 min 后过滤；

（2）再在每 1000 mL 滤液中加入 10 g 葡萄糖、5 g 碳酸钙；

（3）分装在容积为 250 mL 的三角瓶内；

（4）每瓶装入 100 mL 培养液，灭菌后塞好棉塞，并用纸包扎棉塞和瓶颈，作为一级培养液；

（5）再将培养好的斜面菌种接入一级培养液，放在 30 ～ 35 ℃的摇床上振荡培养 1.5 天，就制成了一级菌液；

（6）再按一级培养液配制方法，配制培养液，分别装入容积为 1000 mL 的三角瓶中；

（7）每瓶装培养液约 400 mL，灭菌后将一瓶一级菌液分别接到两瓶二级培养液中；

（8）在 30 ～ 35 ℃下培养 2 天；

（9）培养好后要将菌液制片检查，在显微镜下观察菌种纯度，若杂菌率低于 10% ～ 15%，菌液符合质量要求。

（三）吸附剂拌菌吸附

将检查合格的菌液调整至一定的含菌数，即可拌入已灭过菌的草炭或其他吸附剂上，制成所需要的磷细菌肥料。

（四）质量检查

将制成的磷细菌肥料按各项指标要求进行检查。磷细菌肥料的各项指标要求如下。

（1）杂菌率 ≤ 1.5%；

（2）25% ≤ 含水率 ≤ 30%；

（3）酸碱度：7 ～ 7.2。

例如：

（1）有机磷细菌肥料，每克含活菌数 ≥ 5 亿个；

（2）无机磷细菌肥料，每克含活菌数 = 15 亿个。

（五）包装

将检查好的磷细菌肥料用塑料袋包装起来，运往各地供生产使用。

第五节　磷细菌剂的使用方式及效果

一、磷细菌剂的应用

磷细菌剂可以作为以下 3 种肥料进行使用。

（1）基肥；

（2）追肥；

（3）拌种。

磷细菌剂如果需要进行拌种的话，可以与固氮菌剂混合在一起使用，每亩使用量如下：

（1）固氮菌剂：0.25 kg；

（2）磷细菌剂：0.25 kg。

磷细菌剂可以和以上两种菌剂混合，再加水搅拌成糊状，再与一亩地所使用的种子量进行拌匀，立即播种。磷细菌剂也能单独进行拌种，每亩使用量为 0.5 kg。

二、磷细菌剂的用量

施用磷细菌肥料时，要掌握早施、浅施的技巧。一般以拌种、浸种、蘸根或与优质有机肥混合后作种肥施用于播种沟上或穴上，效果较好。每亩施用量 ≥ 3000 亿 ~ 5000 亿个活细菌[1]。

当磷细菌剂作为追肥或基肥时，可与固氮菌剂混合在一起，公式如下。

每亩的施肥量 = 0.5 kg 固氮菌剂 +0.5 kg 磷细菌剂 +

厩肥（10 ~ 20 kg 沃土）。

当磷细菌剂单独作为追肥或基肥时，每亩取 1 kg 厩肥和 0.5 kg 磷细

---

① 山东农学院农药厂.磷细菌肥 [M].北京：农业出版社，1979：13.

菌肥。

当用作水稻田的追肥时，每亩使用磷细菌剂 2.5 ～ 5 kg。

三、使用磷细菌剂注意点

使用磷细菌剂的注意点如图 8-6 所示。

使用赛力散等杀菌农药拌种的，必须隔两天后才能再拌磷细菌肥料，拌好即行播种

拌种要在阴凉的地方进行　　适用于小麦、大麦、水稻、棉花、玉米、高粱、豆类、茶、甜菜、马铃薯及蔬菜等作物

图 8-6　使用磷细菌肥的注意点

第六节　磷细菌剂在农业实践中的意义

一、磷细菌剂改善植物根部营养

根据相关研究表明，磷细菌剂不仅能改善植物磷素营养，同时还在磷细菌剂的影响下，会加强土壤中其他有益微生物及硝化细菌的活动，能够有效改善植物的根部营养。

普通黑钙土在磷细菌剂的作用下，加强了硝化细菌的作用，如表 8-1 所示。

表 8-1　磷化细菌的作用

试验处理	1 g 土壤中磷细菌数 / 个	1 g 土壤中硝化细菌数 / 个	P₂O₅/（mg/kg 土壤）	硝酸态氮的数量 /（mg/kg 土壤）
用磷细菌剂	900 000	100 000	20.9	166.0
不用磷细菌剂	10 000	1000	15	56.2

通过中国东北农业科学研究所近几年的田间试验可以看出，其对作物的生长有非常好的作用，能够有效提高籽实的质量和产量，效果非常稳定，特别是在黑钙土里使用时效果更大、更稳定。

（1）小麦平均增产量：15.5%；

（2）玉米平均增产量：10.1%，高粱：8.3%，大豆：12.4%，马铃薯：14.4%，水稻：10.6%，花生：13.7%，番茄：9.85%。黑龙江国营九三农场使用磷细菌肥料的小麦增产 33%。

目前，磷细菌剂在我国各地还未大面积推广使用。

二、磷细菌剂对各类农作物的增产效果

通过苏联做的相关试验可以看出，磷细菌剂能够对蔬菜、谷类作物及饲料产生较大的增产作用。

（1）马铃薯每亩增产量：100 ～ 200 kg；

（2）谷类作物每亩增产量：10 ～ 20 kg；

（3）小麦每亩增产量：20 ～ 40 kg。

早在 1947 年，磷细菌就在农业上开始应用。根据国内外统计资料表明，磷细菌肥料在各种土壤上对多数作物具有良好的作用和效果，通常情况下，能增产 10% 左右。

磷细菌肥料具有以下优点。

（1）生产比较简单；

（2）原料丰富；

（3）使用方便；

（4）成本低廉。

因此，磷细菌肥料深受广大农民欢迎，是解决当前磷肥不足的一条多快好省的新途径。

第九章　硅酸盐菌肥的制备与应用

在地壳中，硅酸盐的含量最高、分布最广，是土壤里矿物组成的基础，其中，钾的含量是最高的。

在 1 米厚的土层中，范围是 1 亩，大约含有物质的量如下：

（1）硅酸类型的钾（$Al_2O_3 \cdot K_3O \cdot 6SiO_2$）：2133 kg；

（2）磷灰石里的磷：153 kg。

植物必须在细菌的作用下，才能直接利用这些物质，仅数量达到了需求，也是不可以的[①]。

硅酸盐能够被硅酸盐细菌分解，将土壤里可以被高等植物吸收的钾分解出来，也可以直接利用磷灰石里的磷及固定空气里的氮素，作为自己的养分。

因此，可以通过硅酸盐细菌的生命活动，使作物从土壤里获取各种灰分元素。

第一节　硅酸盐细菌的特征

一、硅酸盐细菌的形态

硅酸盐细菌是芽孢杆菌，体积比较大，两端较钝圆。

（1）4 μm ≤长≤ 7 μm；

（2）1.2 μm ≤宽≤ 1.4 μm。

细胞的外部有很大的荚膜，呈黏液状，在培养的后期渐渐形成空胞。硅

---

① 吴小翠. 硅酸盐细菌的应用概况 [J]. 江西科学，1997（1）：60-67.

酸盐细菌菌落含有黏液，且为凸起状，革兰氏染色呈阴性。

硅酸盐细菌的形态如图 9-1 所示。

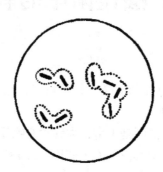

图 9-1　硅酸盐细菌形态

二、芽孢形态

芽孢的形态是椭圆形的，大小及适宜温度如下：

（1）1.5 μm ≤大小≤ 3.5 μm；

（2）25 ℃≤适宜温度≤ 30 ℃。

第二节　如何分离硅酸盐细菌

一、培养基成分

通常情况下，使用硅酸盐的琼脂培养基作为分离硅酸盐细菌的培养基，其主要成分如下。

（1）磷酸氢二钠（Na_2HPO_4）：2 g；

（2）蔗糖：5 g；

（3）硫酸铵 [$(NH_4)_2SO_4$]：1 g；

（4）硫酸镁（$MgSO_4 \cdot 7H_2O$）：0.5 g；

（5）10% 三氯化铁（$FeCl_3$）：1 滴；

（6）琼脂：20 g；

（7）铝硅酸盐类（如白陶土、玻璃粉、白云母）：1 g。

二、分离硅酸盐细菌步骤

分离硅酸盐细菌的步骤如图 9-2 所示。

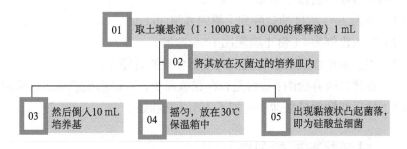

| 01 | 取土壤悬液（1：1000或1：10 000的稀释液）1 mL |

| 02 | 将其放在灭菌过的培养皿内 |

| 03 | 然后倒入10 mL培养基 | 04 | 摇匀，放在30℃保温箱中 | 05 | 出现黏液状凸起菌落，即为硅酸盐细菌 |

图 9-2　分离硅酸盐细菌的步骤

在硅酸盐琼脂上出现凸起的菌落并呈现黏液状，就是硅酸盐细菌，这些特征使其与其他类型的细菌很容易区分开来。

第三节　制备硅酸盐菌剂的方式

一、培养基成分

通常情况下，在培养硅酸盐细菌时，使用的培养基主要成分如下。

（1）磷酸氢二钠（Na_2HPO_4）：2 g；

（2）蔗糖：5 g；

（3）硫酸镁（$MgSO_4 \cdot 7H_2O$）：0.5 g；

（4）三氯化铁（$FeCl_3$）：0.005 g；

（5）碳酸钙（$CaCO_3$）：0.1 g；

（6）玻璃粉（将碎玻璃碾成粉末）：1 g；

（7）钾铝硅酸盐：1 g；

（8）琼脂：15 g；

（9）水：1000 mL。

二、钾铝硅酸盐制作方法

钾铝硅酸盐的制作步骤如下。

（1）加入 20% 浓度的盐酸到土壤内煮沸 30 min；

（2）加入比例为：1 份土壤配比 10 份盐酸；

（3）将土壤矿物质残余物洗至完全不含盐酸时停止；

（4）检测是否有盐酸：检验是否存在氯离子，可以用硝酸银进行检测；

（5）最后在钾铝硅酸盐中，加入 10% 的碳酸钙 [①]。

三、硅酸盐菌液的制备

将上述培养基分装在克氏瓶中，在 20 磅蒸汽压力下灭菌半个小时。待其冷却凝固之后开始接种，在 28～30 ℃中培养 4 天左右。

待到克氏瓶里的硅酸盐细菌繁殖好，就可以从培养基上将其刮下制成菌液。制备菌液时，把克氏瓶里培养的硅酸盐细菌刮下来，保证 1 mL 菌液里包含的菌数＞1 亿个。

四、硅酸盐粉剂的制备

待到克氏瓶里的硅酸盐细菌繁殖好，从培养基上将其刮下制成粉剂。

将泥炭土与菌液进行混合，使得每克成品中的菌数≥5000 万个。在进行混合时，可以掺 1% 的过磷酸钙、1% 的石灰。

---

① 彭生平，叶凤金 . 硅酸盐菌剂在棉花上的应用效果 [J]. 湖北农业科学，1995（2）：34–35.

第四节　硅酸盐菌剂的使用方式及效果

硅酸盐菌剂适用的作物非常多，主要有以下 9 种。

（1）玉米；

（2）小麦；

（3）水稻；

（4）棉花；

（5）甘薯；

（6）苜蓿；

（7）大麻；

（8）烟草；

（9）谷子。

硅酸盐菌剂的使用方法主要有以下几种。

一、混合粪肥作为基肥

制成混合粪肥，可以将以下物质混合制成基肥。

（1）50 kg ≤杂肥或土粪≤ 100 kg ；

（2）1.5 kg ≤菌肥≤ 2.5 kg。

（3）过磷酸钙；

（4）腐熟骨粉；

（5）草木灰。

充分、均匀地翻拌后，作为基肥将其施入播种沟内。也可以再混合更多的粪肥在地上进行撒施，再浅翻入土。采用这种方式，可以将赛力散药剂拌种的不良影响消除掉。如果是穴播，将混合粪肥均匀地施用于穴中。

二、拌种

拌种的步骤如图 9-3 所示。

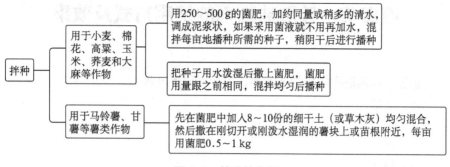

图 9-3　拌种的步骤

三、追肥

追肥的材料如下。

（1）土粪：7.5 kg，或腐熟的饼肥：7.5 kg；

（2）菌肥：0.5 ～ 1 kg。

将其混合，在株间施用或在植株附近施用，浅锄入土。需要注意的是，菌肥勿与化学肥料直接混合，如硫酸铵等；如果用作追肥的话，越早越好。

四、施用于作物育苗及移植期

（一）作物育苗

施用于水稻、蔬菜及烟草等作物，其施用步骤如下。

（1）大约 100 g 菌肥拌 100 株成活幼苗需要的种子，先将种子打湿；

（2）撒上菌肥，充分搅拌；

（3）将其在苗床上进行播种；

（4）在上面撒一层细土进行覆盖。

（二）移植期

如果是在移苗定植时进行施用的话，可以加入细碎的有机肥料，加入量是 8 ～ 10 份，撒在打湿的苗粮上，将菌肥加水后制作成液体，沾在幼苗的根部。菌肥的用量是大约 100 g 对用 100 株幼苗。水稻插秧的话，每亩大约施用 5 kg。

第五节　硅酸盐菌剂在农业实践中的意义

根据相关试验研究表明，硅酸盐菌剂对小麦、玉米有很强的增产作用。

一、玉米

玉米受到硅酸盐菌剂的影响非常大，且都是有益的，主要表现在以下两个方面。

（1）总收获量会增加；

（2）能够更好地吸收灰分元素。

玉米干物质被硅酸盐菌剂处理与否，对总收获量有很大影响：

被硅酸盐菌剂处理 = 没有被硅酸盐菌剂处理 ×（1+67%）。

玉米干物质被灰分元素处理与否，对总收获量也有很大影响：

被灰分元素处理 = 没有被灰分元素处理 ×（1+59.1%）。

二、小麦

小麦被硅酸盐菌剂处理与否，对总收获量有很大影响，且影响量也有所不同，主要有以下两种：

被硅酸盐菌剂处理 = 没有被硅酸盐菌剂处理 ×（1+56%）；

被硅酸盐菌剂处理 = 没有被硅酸盐菌剂处理 ×（1+105%）。

秸秆被硅酸盐菌剂处理与否，对总收获量也有很大影响，且影响量也有所不同，主要有以下两种：

被硅酸盐菌剂处理 = 没有被硅酸盐菌剂处理 ×（1+3.4%）；

被硅酸盐菌剂处理 = 没有被硅酸盐菌剂处理 ×（1+3.8%）。

籽实被硅酸盐菌剂处理与否，对总收获量也有很大影响，总体呈增加趋势，主要是因子实体积增大及粒数增加。秸秆及籽实产量增加的同时，其内部含量也有所增加。

近年来，我国大量生产硅酸盐菌剂，起到农业增产的作用，在农业实践中具有非常重要的意义。

第十章 抗生菌肥料的制备与应用

第一节 抗生菌肥料与拮抗作用

一、拮抗作用

大约在几十年前，人们有了新的发现，即土壤里的某些微生物可以分泌一些物质，并且这些物质能够在浓度很低的情况下，对其他微生物的生长产生抑制作用，甚至将微生物杀死。

具备拮抗作用的微生物，被称为抗生菌，抗生菌可以分泌抗生素。

二、抗生菌肥料

如今，在药房中，我们随处可见的有以下几种物质。

（1）链霉素；

（2）青霉素；

（3）土霉素；

（4）金霉素等。

它们能够有效治疗人类的一些疾病，并具有很强的作用。人们将这些能够被提取出来的抗生素制成药物。

之后，人们又在农业上对抗菌生微生物进行应用，在防治植物病害方面成绩卓越。中国科学院真菌研究室及北京农业大学植保系的研究人员，在防病的过程中利用拮抗现象，发现一些放线菌能够对植物的生长产生刺激作用，不仅对植物生长具有促进作用，还能增加产量。

例如，以下两种放线菌：

（1）"五四〇六"号放线菌；

（2）奇四（G_4）号放线菌所分泌的物质，不仅能够抑制多种植物病菌的生长，还具有如下作用。

①促使植物的根生长；

②加速成熟；

③提高产量。

如果把肥土或各种油饼与抗生菌混合使用，其肥效更大，不仅可以有效避免烂种，还可以避免饼肥烧苗等危害。

在棉田，用固氮菌肥料和抗生菌进行对比试验，施用抗生菌肥料出现以下现象。

（1）行间出苗多；

（2）现蕾；

（3）开花早；

（4）结铃及产量也比较高。

因"五四〇六"号等抗生菌具有杀菌能力，若棉田施用抗生菌肥料，棉籽在播种时就不需要再另拌赛力散等药剂。由于抗生菌剂不仅对植物生育有利，还可以杀菌，因此，人们都称之为"抗生素肥料"。

抗生菌与前面所介绍的菌肥不同，无法使土壤增加植物所需要的营养物质。因此，抗生菌肥料实质上是一种植物刺激物。

第二节　如何分离抗生菌

一、分离土壤中的抗生性放线菌

（一）淀粉培养基

淀粉培养基的成分如下：

（1）磷酸氢二钾（K_2HPO_4）：3 g；

（2）淀粉：10 g；

（3）碳酸镁（$MgCO_3$）：0.3 g；

（4）氯化钠（NaCl）：0.2 g；

（5）硫酸铵［$(NH_4)_2SO_4$］：2.6 g；

（6）硫酸亚铁（$FeSO_4$）：0.001 g；

（7）碳酸钙（$CaCO_3$）：0.5 g；

（8）琼脂：15 g；

（9）水：1000 mL；

（10）pH= 7.8。

（二）酪素培养基

酪素培养基的成分如下：

（1）磷酸氢二钾（K_2HPO_4）：0.5 g；

（2）酪素：1 g；

（3）葡萄糖：1 g；

（4）硫酸镁（$MgSO_3 \cdot 7H_2O$）：0.2 g；

（5）硫酸亚铁（$FeSO_4$）：0.001 g；

（6）琼脂：15 g；

（7）水：1000 mL；

（8）pH= 7.8。

（三）天门冬素培养基

天门冬素的培养基成分如下：

（1）磷酸氢二钾（K_2HPO_4）：0.5 g；

（2）葡萄糖：10 g；

（3）天门冬素：0.5 g；

（4）琼脂：15 g；

（5）水：1000 mL；

（6）pH= 7.8。

（四）分离抗生性放线菌

分离抗生性放线菌的步骤如图 10-1 所示。

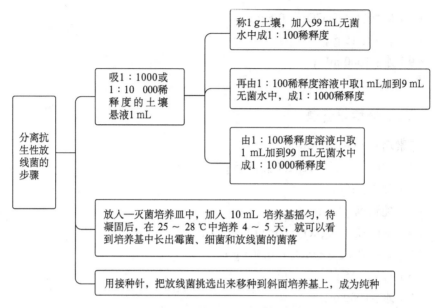

图 10-1　分离抗生性放线菌的步骤

二、测定放线菌的抗菌

测定放线菌的抗菌主要有以下几个步骤。

（1）在灭菌培养皿中加入以上任何一种培养基，待凝固后，将所纯化的放线菌放在培养基表面上并画一直线；

（2）经过几天，放线菌就在直线上成长；

（3）在该菌边缘，垂直地向培养皿的外边划上要试验的霉菌，注意这些霉菌是植物的病菌，如黄萎、立枯等病菌；

（4）再经过 3 天左右，如果放线菌边缘没有生长以上霉菌，说明其对这些霉菌有抑制生长作用，就有应用它来防治植物病害的可能。

当前，我国科学工作者已经发现几株抗生菌，如放线菌"五四〇六"号、奇四号及"八七八"号等，并已经成功应用到农业生产中。

第三节 "五四〇六"号抗生菌的特性

当前，应用最广泛的抗生菌肥料就是"五四〇六"号抗生菌。几年来，我国科学工作者从土壤中虽发现了不少放线菌具有抗生菌肥料的性能，但均处于试验阶段，期待将来会有更多种类的抗生菌肥料。

一、"五四〇六"号抗生菌形态

"五四〇六"号抗生菌是一种放线菌，孢子丝为螺旋形，孢子呈柱形及圆形，$1.0\ \mu m \leqslant 大小 \leqslant 1.5\ \mu m \times 0.9\ \mu m$。

在饼土琼脂培养基上菌落呈粉白而略带橙红色，色素常不分泌到培养基内。气生菌丝体发育良好，呈微粉白色，茸毛状或丝绒状，孢子丝长，有 7～10 圈。

"五四〇六"号抗生菌的形态如图 10-2 所示。

a 放射状菌丝体　　　　　　　　b 气生菌丝（螺旋状）

c 气生菌丝成熟后割裂成的孢子　　　　　d 孢子发芽

图 10-2 "五四〇六"号抗生菌形态

二、"五四〇六"号抗生菌生长环境

"五四〇六"号抗生菌喜欢生长在肥土混合肥料、油饼中,对饼土的质量、比例都有要求。在培养"五四〇六"号抗生菌时,通气条件、温度、湿度等均有一定要求,培养时应注意以下几点。

(1)通气条件良好;

(2)加水量要适宜;

(3)保证充足的营养,可以用米糠、饼肥作为营养物质;

(4)$6.5 \leqslant pH \leqslant 8.5$。

如果以上条件都适合,即使不经消毒,也能排斥其他杂菌从而迅速地生长,若其中有一个条件不合适,就会阻碍其生长。

在制造、繁殖、使用"五四〇六"号抗生菌之前,需全面了解其生活习性。"五四〇六"号抗生菌的要求条件主要有以下几点。

三、饼土比量

当温度 = 28 ℃,绝对含水量 = 25% 时,采用同一种土壤来培养"五四〇六"号放线菌时,$1:4 \leqslant 饼土比量 \leqslant 12$,抗生菌生长快、繁殖好。

饼块的磨细程度与比量成正比,即磨得越细,比量放得越宽。饼土比例受以下条件影响。

(1)饼土的质量;

(2)菌种性质;

(3)温度;

(4)湿度。

当前,有人通过相关实验得出以下结论:有些具有拮抗作用的放线菌,不需要饼肥也能繁殖。这样一来,就可简化制造条件。

四、饼肥种类及品质

饼肥种类有以下几种。

(1)棉籽饼;

(2)芝麻饼;

（3）豆饼；

（4）花生饼；

（5）菜籽饼等。

只要是新鲜的都可以。如果这些肥饼已发霉或发酵变酸、失去原有的香味，就不适合"五四〇六"号抗生菌的繁殖。

在饼肥缺少的地方，为了少用或不用饼肥，可用其他含氮丰富的植物材料替代，如以下几类物质。

（1）红苕子；

（2）苜蓿粉；

（3）玉米粉；

（4）薯类的渣或皮；

（5）泥炭等。

使用时，其与土壤混合的比例，应事先做一番摸索工作，得出一个适当比例，以利于放线菌的生长。

五、土壤性质

"五四〇六"号放线菌对土壤的选择比较严格，要想繁殖"五四〇六"号放线菌达到效果最好，可以混合以下物质。

（1）河泥；

（2）苜蓿田；

（3）蔬菜田的表层土；

（4）森林中的腐殖质；

（5）饼肥。

不同地区可按具体情况选配最适合抗生菌繁殖的土壤。缺钙地区可酌情添加消石灰或碳酸钙，缺有机质地区可酌情添加以下物质。

（1）腐熟的厩肥；

（2）泥炭；

（3）河泥；

（4）塘泥；

（5）沟泥等。

六、通气条件

"五四〇六"号放线菌在饼土中繁殖需要氧气，若通气不良则生长不好。此外，"五四〇六"号放线菌和饼土混合培养时，在不消毒的情况下，通气条件不宜太好，因土壤中存在很多霉菌，其在过分通气时的生长速度会明显超过"五四〇六"号放线菌，从而会抑制"五四〇六"号放线菌的生长。

因此，在接种过的饼土肥料上，需另外铺加一层 0.15 ～ 0.3 cm 的细土，或覆盖一层草木灰，不然上面会长出很多霉菌。

七、温度与湿度

当其他条件合适时，"五四〇六"号放线菌繁殖速度快慢受温度影响而变化。

（1）24 ℃≤饼土肥料中放线菌繁殖最快的温度≤ 28 ℃；

（2）明显减弱：≥ 32 ℃；

（3）明显减弱：≤ 16 ℃。

在不消毒的情况下，饼土中的绝对含水量尤为重要，抗生菌的繁殖也受含水量的影响。

（1）生长最好：含水量＝ 24%；

（2）不宜生长：含水量≤ 14%；

（3）不宜生长：含水量≥ 34%。

八、酸碱度与一些农药、矿肥

酸碱度的变化如下。

（1）当饼土的 pH = 6.5 ～ 7 时，接种培养持续 2 天后，pH 值逐渐上升，最高峰时 pH = 8.5；

（2）然后又逐渐下降，在 pH = 7.5 时，放线菌通常生长良好；

（3）若在饼土中加入总量 4% ～ 8 % 的过磷酸钙，pH 逐渐下降。当 pH = 4.5 时，放线菌还能良好地繁殖；

（4）在不消毒的状态下，若加入 0.6% ～ 2% 的硫黄粉或者黑矾（$FeSO_4 \cdot 7H_2O$），pH 值逐渐下降；当 pH = 5.5 ～ 6 时，就会抑制放线菌的生长，同时刺激霉菌的发育；

（5）饼土肥料中加入赛力散（醋酸苯汞）= 0.05% ~ 0.1% 时，放线菌的生长会受到显著的抑制作用；

（6）若加入植物源杀虫剂（0.65%）= 0.05% ~ 1.5%，对放线菌生长没有影响；

（7）在不消毒状态下，若与草木灰（2%）配合，还能促进放线菌的生长。

第四节　制备抗生菌肥料的方式

一、抗生菌肥料制备特点

抗生菌肥料的制备与前面阐述的细菌肥料不同，它的特点主要是把放线菌从试管培养基斜面上扩大培养成接种母剂（再生菌剂），然后将接种母剂与肥沃土壤、棉籽饼等混合，让放线菌在土肥（即棉籽饼与肥沃土壤所制成的肥料）中繁殖[①]。

抗生菌肥料的制备过程并不复杂，可分为两大过程，下面详细进行阐述。

二、抗生菌饼土母剂制备图解

抗生菌饼土母剂制备图解如图 10-3 所示。

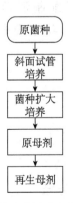

图 10-3　抗生菌饼土母剂制备图解

---

① 李志华. 微生物肥料对土壤的改良及在农作物生产中的应用 [J]. 农业开发与装备，2020（5）：179.

三、抗生菌肥料的制备图解

抗生菌肥料的制备图解如图 10-4 所示。

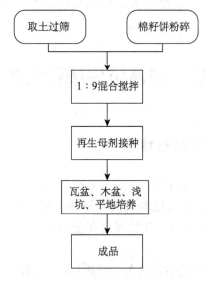

图 10-4　抗生菌肥料的制备图解

四、抗生菌饼土母剂制备过程

饼土母剂是指饼土肥料经配制消毒后，在灭菌状态下培养而成。"五四〇六"号放线菌所常用的固体培养基有两种。

（一）马铃薯培养基成分

（1）马铃薯（去皮）：200 g；

（2）蔗糖或葡萄糖：20 g；

（3）琼脂：15 ～ 18 g；

（4）水：1000 mL。

（二）马铃薯培养基制备方法

马铃薯培养基制备方法步骤如下。

（1）将去皮洗净的马铃薯切成碎块；

（2）加水 1000 mL，煮沸半小时；

（3）用双层纱布滤取汁液；

（4）再加入琼脂继续加热，至琼脂熔化；

（5）按一般培养基制备的方法分装、灭菌；

（6）培养基可装在试管中制成斜面，也可装入克氏瓶中（每瓶装 50 mL）作平面扩大培养。

（三）饼土提取液培养基成分

（1）肥沃土壤：30 g；

（2）细棉籽饼：30 g；

（3）蔗糖或葡萄糖：20 g；

（4）氯化钠（NaCl）：3 g；

（5）琼脂：15～18 g；

（6）水：1000 mL。

（四）饼土提取液培养基制备方法

饼土提取液培养基制备方法步骤如下。

（1）将 30 g 肥土放在 500 mL 水中煮沸半小时；

（2）用双层纱布过滤，同时将琼脂放入另外 500 mL 水中加热至熔化；

（3）再将此两种液体混合在一起，加入棉籽饼、糖和食盐；

（4）继续加热并加入适量的水分，使其最后保持在 1000 mL；

（5）煮好后按一般培养基的制备方法分装、灭菌备用。

（五）原菌种、斜面试管培育和菌种扩大培养

（1）将试管斜面上的原菌种刮下接种到以上任何一种培养基的斜面上，在 24～30 ℃保温，制成"斜面试管培养"。

（2）再从"斜面试管培养"制备菌孢子悬浮液，其方法如下。

①取约 40 mL 无菌水，装入种有菌种的斜面试管中，如果一次装不完可分两次；

②用灭菌的接种针轻轻地将孢子挑起，并摇动使其悬浮在水中；

③用灭菌的 5 mL 或 10 mL 吸管，将孢子悬浮液接种在装有以上任何一种培养基的克氏瓶的平面培养基上，接种量为每瓶 0.4～0.8 mL；

④接种后使悬浮液均匀分布在平面培养基上。

（六）原母剂

用消毒的饼土培养基接种后制成的母剂就是原母剂，可以用来接种制造"再生母剂"。

饼土培养基的配制方法如下。

（1）取 8 份湿漫细土和 1 份棉籽饼充分搅拌，使其混合均匀，成为抗生菌饼土母剂培养基。

（2）饼土培养基的原料有以下几点要求。

①要选择湿度合适的土壤：25% ≤绝对湿度≤ 30%；

②油饼种类要挑选以下几种。

a. 最好是棉籽饼；

选择棉籽饼时，应选择干燥、新鲜、没有发霉的。经过磨碎、过滤后就可以使用。在过滤时应注意，需用的筛孔为 40 ～ 60 目。

b. 其次是各种麻籽饼，例如黄麻、大麻、胡麻等。

不能选择以下几种。

a. 花生饼；

b. 豆饼等。

之所以不能选择，是因为其黏重、油分多，不疏松，对抗生菌生长极为不利。

（3）将配制好的饼土培养基分装于三角瓶中，三角瓶容量为 250 mL，装入量≤ $250 \text{ mL} \times \dfrac{2}{3}$。如果装入量不标准，会出现以下两种情况。

①装得太多，会导致在接种时播不均匀；

②装得太少，不能充分利用三角瓶。

（4）分装完毕后，用棉花塞紧瓶口用以灭菌。灭菌的时间长短与压力如下。

①压力 15 磅时，时间为 40 min；

②压力 20 磅时，时间为 30 min。

（七）蒸汽间歇灭菌法

蒸汽间歇灭菌方法步骤如下。

（1）温度在 95 ～ 100 ℃，保持 15 h，取出后放在 28 ～ 30 ℃室温条件下进行保温；

（2）第二日和第三日再按同样的方法各蒸煮一次，一共需要灭菌 3 次；

（3）再取出来，待到瓶内温度下降，通常情况下在温度≤ 40 ℃时开始接种；

（4）从克氏瓶中用灭菌的接种针刮取繁殖好的菌种孢子 3 ～ 5 环，并将其接种于三角瓶内，充分摇动使菌孢子分布均匀；

（5）再放置在 24 ～ 30 ℃的保温箱中进行培养，如果是夏秋季节，也可以直接放在室内；

（6）经过 3 ～ 5 天就可以长出粉白色抗生菌母剂。

（八）再生母剂

再生母剂指第二次用半消毒蒸煮法接种"原母剂"而成的制品，其用途主要是直接接种肥料混合物使其成为抗生菌肥料。

这种母剂在制选时能很好地掌握，表面上与原母剂完全一样，但内部还会含有杂菌，扩大时容易产生污染。

再生母剂的制备过程基本上和原母剂一致，但在具体操作上有三点不同如图 10-5 所示。

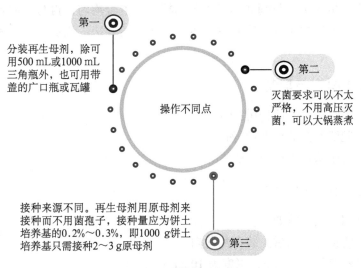

第一
分装再生母剂，除可用500 mL或1000 mL三角瓶外，也可用带盖的广口瓶或瓦罐

第二
灭菌要求可以不太严格，不用高压灭菌，可以大锅蒸煮

操作不同点

接种来源不同。再生母剂用原母剂来接种而不用菌孢子，接种量应为饼土培养基的0.2%～0.3%，即1000 g饼土培养基只需接种2～3 g原母剂
第三

图 10-5　操作不同点

（1）大规模制作时，把广口瓶或瓦罐放在大蒸锅内进行灭菌。灭菌温度与时间如下。

①温度：95～100 ℃；

②时间：2～3 h。

通过采用常压蒸汽灭菌，能杀死土壤内的真菌，但还会留有一些100 ℃高温杀不死的耐热细菌和芽孢，所以只能算是半消毒品。

（2）"再生母剂"即"饼土母剂"，作扩大培养用，一般每斤饼土母剂可扩大40～200倍。作扩大培养用的除"饼土母剂"外，还有"菌粉母剂"。

"菌粉母剂"采用液体通气培养产生孢子，用无菌操作法将孢子从无菌室内取出，在40 ℃的烘箱内烤干，磨碎再拌入10倍的灭菌高岭土即为成品。每克菌粉母剂含菌数在几百亿个以上。

五、制备抗生菌肥料

由抗生菌再生母剂进行高一级别扩大培养，即成为抗生菌肥料。有了抗生菌再生母剂作为抗生菌的接种剂，下一步就可以展开抗生菌肥料的大量培养工作。

（一）方法

先将抗生菌再生母剂或菌粉母剂与棉籽饼混合均匀，再与土混合，充分拌匀。培养方法也很多，有瓦盆培养法、木盆培养法、浅坑培养法和平地堆置法等。

（二）材料与配制

（1）新鲜细碎的棉籽饼：1份；

（2）肥沃湿润的细土：9份；

（3）抗生菌再生母剂：0.2份。

（三）瓦盆培养法

瓦盆培养法步骤如下。

（1）将搅拌好的饼土装在瓦盆内。

①盆口直径为50 cm，深度为10 cm；

②装入时切勿挤压，使土壤保持疏松状态，否则会通气不良，影响菌种生长；

③不要装得太满，每盆 17.5 kg，使盆口以下留约 2 cm。

（2）装好后将饼土面弄成中间稍低、周围稍高的凹面形。上面覆盖湿润细土，0.5 cm ≤厚度≤ 1.0 cm。

（3）再将瓦盆放在室内、凉棚下或阴凉避雨的平地，上盖草席以防止水分大量蒸发。

（4）24 h 后，抗生菌生长起来，温度逐渐上升；32 h 后温度可升到 100 ℃左右，此时可以将草席打开散热，使温度逐渐下降，当温度降至 35 ℃ 时再覆上草席。

（5）从开始到繁殖成功需要 4～5 天。

（四）木盆培养法

装土、覆盖和其他管理工作与瓦盆培养法相同，只是木盘的高度不宜超过 15 cm，装土深度不宜超过 10 cm，否则盆底的抗生菌会生长得不好。木盆的形状和大小则没有限制。

（五）浅坑培养法

浅坑培养法步骤如下。

（1）在凉棚下或阴凉避雨的地方挖成以下规格的浅坑。

①深约 20 cm；

②长约 200 cm；

③宽约 70 cm。

（2）坑道和坑边砌上砖（长、宽、深度都以砌砖后为准）。

（3）将拌好的鲜土装入坑内，厚度≤ 10 cm 为最合适，表面覆盖湿润细土及草席。其他管理工作也与瓦盆培养法相同。

（六）平地堆置法

平地堆置法的步骤如下。

（1）在室内、凉棚里或其他避雨的地方，垫上草栅，草栅上覆盖草席；

（2）将搅拌好的饼土平堆在草席上，厚度≤ 10 cm；

（3）表面盖上湿润细土，约 0.5 cm；

（4）饼土堆的周围用木板紧压，以防倒塌和水分流失。其他管理工作与之前的相同。

（5）制成的抗生菌肥料在检查合格之后就可以包装使用。

第五节　检查抗生菌肥料的方法

抗生菌肥料的检查法与细菌肥料的检查法不同，主要根据颜色和气味辨别。

一、颜色

（一）不合格成品

如果出现以下情况，则属于不合规格成品。

（1）饼土表面出现绿、黄、灰黑等杂色霉状物；

（2）饼土表面出现白色、红色长绒菌丝的，都属于为霉菌污染。

出现以上这两种情况，只能用于农田追肥，不能与种子、苗根离得太近。

（二）合格成品

合格的成品，正常情况下"五四〇六"号抗生菌是白色略带粉红，菌丝极短，凝成小团粒。

二、气味

（一）不合格成品

如果出现以下情况，则属于不合规格成品。

（1）饼土抗生菌生长很少或没有生长；

（2）有奇臭味或馊味、酸味的是被细菌污染的，不合格。

（二）合格成品

正常的"五四〇六"号抗生菌具有以下特点。

（1）无臭味；

（2）带冰片香味；

（3）带鲜土味。

三、抗生菌特点

抗生菌的特点是其抗生能力很容易退化，如果所用的是退化的抗生菌，菌种效果就差，甚至没有效果。

因此，每隔一段时间，如半年或一年，就必须进行一次抗菌性能和促进作物生长性能的检查。

四、抗菌性检查

（一）抗菌性检查方法

抗菌性的检查可在普通的蔗糖、马铃薯琼脂固体培养基上进行。方法和放线菌的抗菌测定是一样的。

（二）检查结果

试验菌可用立枯病菌，测定结果若有抗菌效果，表明尚未退化可以续用；若抗菌作用甚小或失去抗菌作用，说明已经退化，必须另换未退化的菌种来扩制。

五、促进作物生长性能的检查

（一）检查方法

促进作物生长性能的检查，可在花盆或木匣内培育黄瓜或白菜幼苗，待长出 2 ～ 3 叶时可把同样大小的幼苗移到别的花盆中，加入量如下。

（1）有的盆内加入抗生菌肥料 30 ～ 60 g（含供粉 3 ～ 6 g）；

（2）有的施入等量的饼粉而不加入抗生菌。

（二）检查结果

每种处理 3 ～ 4 盆，放在同样条件的环境下待其生长两三周后，若加入抗生菌的试验盆中黄瓜明显长得比不加入的对照盆好，这就表明抗生菌没有退化。

第六节　抗生菌肥料使用方式及效果

抗生菌肥料在某些地区使用，容易引起地下害虫的侵袭。有相关试验表明，在每百斤抗生菌肥料中加入 0.5 ～ 0.75 kg 植物源杀虫剂（0.5%），就可以有效避免虫害，又不影响"五四〇六"号抗生菌的繁殖。

在抗生菌充分繁殖的肥料中，加入 3 ～ 4 倍清水，浸泡一夜，对其进行过滤，则滤取的清液可以喷射果蔬或浸入种苗。

以往的各项试验表明，使用"五四〇六"号抗生菌肥料效果非常显著，主要有以下几方面的表现。

一、减轻棉花烂种

（一）东北棉区

东北棉区，在播种季节里由于地温较低，新鲜饼肥与棉花种子同撒在同一播种沟内，通常情况下会引起严重的烂种、缺苗。

（二）华北棉区

华北棉区也有类似的烂种情况。其原因有很多种，如图 10-6 所示。

当抗生菌与饼肥结合使用时，便不会发生烂种、缺苗的情况，棉苗还长得格外苗壮。

抗生菌在低温情况下对棉苗出土的影响，如表 10-1 所示。

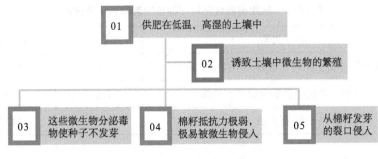

图 10-6　烂种原因

表 10-1　抗生菌在低温情况下对棉苗出土的影响

试验区		锦州试验场	北京农业大学	辽阳棉厂
耕作层 5 cm 的平均地温 /℃		15	13	14
播种日期		4–28	4–12	4–24
每行平均出苗数 / 个	饼肥中繁殖抗生菌	788	225	228
	饼肥中不繁殖抗生菌	404	51	70

每亩用新鲜棉籽饼 7.5 kg，压碎后加肥土 60 kg 和 0.65% 的植物源杀虫剂 0.675 kg，混合后一半加抗生菌，一半不加抗生菌作为对照。

二、减轻棉苗受病菌的侵害

通过相关试验证明，施用"五四〇六"号抗生菌混合肥料可以降低棉苗受病菌的侵害。1955 年，施用抗生菌较烫种拌药的增产 12%；1956 年，增产 18%。

抗生菌混合肥料对棉苗的刺激和增产作用如表 10-2 所示。

表 10-2　抗生菌混合肥料对棉苗的刺激和增产作用

种子处理	产量指标	百苗量 /g
烫种后拌饼土肥料，沟施（不拌抗生菌）	73%	237.7
烫种后拌抗生菌混合肥料，沟施	118%	345.0
烫种后拌 68% 赛力散 +10% 草灰	100%	242.7

试验面积 2 亩，重复 4 次，抗生菌混合肥料及饼土肥料中都加入 1% 植物源杀虫剂（0.5%）。

饼土每亩各拌 7.5 kg，拌药处理，在间苗时补追相同的饼量。

三、提高出苗率，增加产量

（一）抗生菌肥料与固氮菌剂对棉花效应的比较

通过相关试验证明，"五四〇六"号抗生菌肥料的肥力不低于固氮菌剂，可以提高棉花出苗率和产量。

抗生菌肥料与固氮菌剂对棉花效应的比较如表 10-3 所示。

表 10-3　抗生菌肥料与固氮菌剂对棉花效应的比较

处理项目	每亩产量 /kg	每行平均出苗数 / 株
固氮菌剂	126.3	145
抗生菌肥料	135.0	145

（二）"五四〇六"号抗生菌肥料增产效果

"五四〇六"号抗生菌肥料不仅可以作追肥、种肥及基肥，还可以作浸种、蘸根用。

1. 作种肥及基肥时

通常情况下，150 kg ≤每亩用量≤ 250 kg，使用方式如下。

（1）在播种之前，把"五四〇六"号菌肥放入穴中或沟中，之后再播种。

（2）先播种，用"五四〇六"号菌肥覆盖之后，再将地面犁平。

施用之后，如果遭遇干旱，应采取措施浇水、滋润田地。

2. 作追肥时

应注意早施，不然肥效不会很好。通常情况下，100 kg ≤ 每亩用量 ≤ 150 kg。"五四〇六"号抗生菌肥料对作物有非常明显的增产效果。

根据对几种主要作物的相关实验的结果可以得出结论，施用"五四〇六"号抗生菌肥料后，这些作物都有增产效果。"五四〇六"号抗生菌肥料增产效果如表 10-4 所示。

表 10-4　"五四〇六"号抗生菌肥料增产效果

农作物	调查试验地块数	对照区产量 /（kg/ 亩）	施"五四〇六"号菌肥产量 /(kg/ 亩)	增产量 /（kg/ 亩）	增产率
玉米	10	342.45	393.4	45.9	13.2%
小麦	6	168.4	202.5	34.1	20.2%
地瓜	5	1398.3（鲜瓜）	1852	453.7	32.5%
花生	8	221.4	256.15	34.75	15.7%
水稻	1	361.3	402.9	41.6	11.5%
大豆	1	98.6	120.85	22.25	22.5%

四、减轻棉花黄萎病

通过相关试验证明，G_4 号抗生菌肥料每亩施用棉籽饼 30 kg，分三次追施，可以减轻 24% ～ 68% 的棉花黄萎病，并增加产量 40% ～ 50%，有效提高棉花的品质。

此外，根据北京农业大学教授于 1956 年、1959 年在东北辽阳棉场进行的试验表明，抗生菌肥料在棉花发生黄萎病的情况下施用，不仅能防治病害，还能提高棉花品质。

五、对植物生长的刺激作用

（一）对于黄瓜

每株黄瓜施"五四〇六"号抗生菌肥料 10 g，可提早 3 ～ 10 天收瓜，对比不用抗生菌肥料，具有以下优点。

（1）瓜重增加 1 倍；

（2）瓜形比较大；

（3）瓜的个数也多。

（二）对于白菜

用花盆栽种相同年龄的白菜幼苗，每盆施入抗生菌混合肥料 50 g，混合肥料的成分如下。

（1）棉籽饼：5 g；

（2）肥土：45 g；

（3）"五四〇六"号抗生菌饼土母剂：1.5 g。

经过 50 天，较施用同量的饼土肥料，具有以下优点。

（1）根重增加 3 倍；

（2）叶重增加 43%。

（三）对于番茄

抗生菌对番茄立枯病和疫病也有防治作用，具有以下优点。

（1）可使种子提前 5 天发芽；

（2）幼苗植株比不用抗生菌肥料的高 1 倍。

由于抗生菌对作物有以上效果，目前，抗生菌肥料已逐渐成为一种新型菌肥，可以大力生产和推广。

第七节　抗生菌剂在农业实践中的意义

增产效果明显，视作物不同可达20%～60%。改善作物和农产品的品质，使农民增收。重构健康的土壤，提高作物抵抗病虫害效果，改良土壤板结，激发土壤活力，提供额外的天然植物生长的激素和抗生素。

"五四〇六"号抗生菌肥料能加速土壤养分的有效化，提高作物的产量。根据试验，只要接种"五四〇六"号抗生菌肥料的土壤有效氮都会有所增加，例如，东北的黑土在接种"五四〇六"号抗生菌肥料之后：

$$有效氮 = 不接种 \times （1+15）。$$

此外，接种"五四〇六"号抗生菌肥料的土壤，不论是有效磷还是钾，均有不同程度的提高。

"五四〇六"号抗生菌肥料还可以有效抗病驱虫。根据相关的试验可以得出："五四〇六"号抗生菌肥料具有以下优点，对农业具有极大的意义。

（1）可以减轻小麦锈病；

（2）可以减轻地瓜黑斑病；

（3）可以减轻棉花苗期根腐等病害；

（4）能够保护小麦防止烂种；

（5）能够保护棉花防止烂种；

（6）对水稻有防病保苗的作用；

（7）防治地老虎、蝼蛄等，众所周知，不论是地老虎，还是蝼蛄，都属于地下害虫；

（8）"五四〇六"号抗生菌在培养过程中还能分泌刺激素，促进作物生根、发芽。

由此可知，"五四〇六"号抗生菌肥料是一种多功能的菌肥，较其他菌肥更为特殊，在农业上有广阔的应用前景。

第十一章　钾细菌肥的制备与应用

第一节　钾细菌和钾细菌肥

一、钾

（一）钾的作用

钾是作物营养的三大元素之一。钾在植株体内，不参加体内某种有机化合物的组成，而是以无机状态存在[①]。

钾的功能非常多，具体如图 11-1 所示。

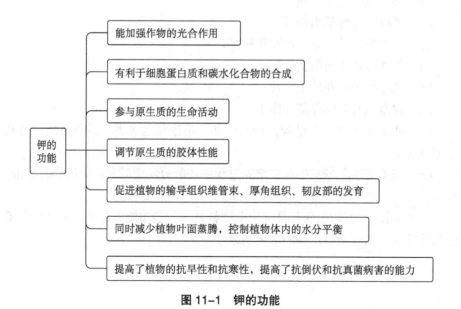

图 11-1　钾的功能

[①]　湖南省益阳地区农业科学研究所 . 钾细菌肥 [M]. 北京：农业出版社，1978：23.

钾与作物体内碳水化合物的形成密切相关。

（1）能增加作物体内糖类；

（2）能增加作物体内淀粉；

（3）能增加作物体内纤维；

（4）能增加作物体内油脂；

（5）能促进作物吸收氮素；

（6）能增加作物体内蛋白质；

（7）能使作物茎秆粗壮；

（8）能防止倒伏，增强作物抵抗病虫害的能力等。

土壤中钾的含量虽较氮、磷丰富，却多以硅酸盐类矿物存在。硅酸盐类矿物非常稳定，作物很难直接吸收利用所含的钾素养分。

（二）不同农作物对钾素营养的需要量

通常情况下，农作物对于钾素营养的需要量比较大。根据研究结果统计，一些主要农作物，每生产 50 kg 产品，需要吸收以下元素。

（1）氮（N）；

（2）磷（P_2O_5）；

（3）钾（K_2O）。

需要量如表 11-1 所示。

表 11-1　不同作物生产 50 kg 产品所需的磷、氮、钾的数量

单位：kg

不同作物	磷（P_2O_5）	氮（N）	钾（K_2O）
玉米	0.43	1.3	1.05
水稻	0.625	1.2	1.55
小麦	0.625	1.5	1.25
油菜	1.5～1.85	1.4～5.8	4.25～5.05
皮棉	2.4	6.95	7.2

由上表数据可以得出，农作物对这些元素的需要量关系如下。

（1）油菜对钾的需要量 = 对氮的需要量 ×（1+1）；

（2）玉米、水稻、小麦、油菜对钾的需要量 = 对磷的需要量 × （1+3）。与农作物对氮素的需要量差不多，有些作物的需要量甚至更高。

（三）同时施用钾素、磷素、氮素肥料的效果

在施用钾素、氮素的同时，施用磷素肥料，可以产生以下效果。

（1）促使作物早生快发。

（2）促使作物根系发达。

（3）促使作物茎秆粗壮。

（4）促使作物穗大、粒多、粒重。

（5）促使组培提早成熟。

（6）增强农作物的抗病、抗逆性能。

（7）减轻以下病害。

①水稻赤枯病；

②胡麻斑病；

③棉花红叶枯茎病；

④小麦赤霉病；

⑤油菜病毒病；

⑥菌核病；

⑦花生叶斑病；

⑧褐斑病；

⑨黄麻炭疽病；

⑩金边病；

⑪烟草枯斑病；

⑫花叶病等危害。

此外，施用钾素肥料后，还能有效提高农作物的产品质量。

（1）稻谷出米率：提高 1% ～ 3%；

（2）红薯淀粉含量：提高 0.6% ～ 2.1%；

（3）油菜籽含油量：提高 5%；

（4）棉花纤维长度：增加 1 ～ 6 mm；

（5）黄麻纤维拉力：促进增加；

（6）甘蔗含糖量：促进增加；

（7）烟叶品质：促使改善。

（四）钾素资源

在我国土壤中，储藏着非常丰富的钾素资源。根据相关检测可以得出如下结论。

（1）1% ≤土壤的全钾含量≤ 2.5%；

（2）少数类型的土壤钾含量 = 3%；

（3）土壤中钾含量 = 氮 × （1+10）；

（4）土壤中钾含量 = 磷 × （1+20）；

（5）每亩耕作层土壤 = 15 万 kg 时，则 1500 kg ≤每亩土壤中钾的储量 ≤ 4500 kg。

如果这些钾素都能为农作物直接吸收利用，就可以使用很长一段时间。而这些钾素的绝大部分是以长石、云母等铝硅酸盐形态存在于土壤中，不能被农作物直接吸收利用。因此，也可以理解为：农作物虽然生长在丰富的钾素宝库里，却仍处于钾素营养不良的状态中。

（五）钾肥增产作用

近年来，在我国南方的一些省市进行了大量钾肥肥效试验，主要有以下这几个地区。

（1）广东；

（2）浙江；

（3）湖南；

（4）广西；

（5）福建；

（6）上海等。

对几种主要粮食和经济作物获得比较明显的增产效果。我们用以下物质的混合物，施用于各种作物：

（1）硫酸钾；

（2）氯化钾；

（3）窑灰钾肥；

（4）钾钙肥；

（5）三钾混合肥等钾素化肥。

将这些元素混合起来，具有非常明显的增产效果。针对不同农作物的增产量如表 11-2 所示。

表 11-2　不同作物的增产量

不同作物	最少增产比例	最多增产比例
水稻	8.7%	33.6%
棉花	28.1%	
苎麻	33.3%	
黄豆	46.6%	
大麦	14.1%	42.5%
油菜	8.3%	35.0%

有了这些元素组成的钾肥，其增产作用越来越明显，钾肥的需要量也日益增加。

（六）钾肥在农业生产中的意义

当前，钾肥在农业生产中的意义如图 11-2 所示。

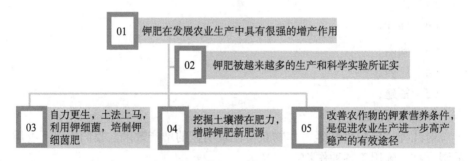

图 11-2　钾肥在农业生产中的意义

二、钾细菌

（一）钾细菌定义

钾细菌有种特殊本领，能分解硅酸盐类矿物质，把作物大量需要的钾逐步释放出来，因此，钾细菌又叫硅酸盐细菌。

（二）钾细菌的发展历程及意义

1.钾细菌的发展

（1）1912年，人们从蚯蚓肠道中分离发现钾细菌；

（2）1939年，人们直接从土壤中分离出钾细菌；

（3）后来的研究证明：钾细菌能够分解铝硅酸盐类的原生态矿物，如长石、云母等；

（4）随着人们的研究不断深入，可将难溶于水的钾转化为植物可以吸收利用的有效钾，同时，还能分解土壤和矿物中难以被作物吸收利用的无效磷成为有效磷，并有微弱的固氮能力；

（5）近年来的研究：明确了钾细菌施入土壤后，既有优点，也有缺点，主要表现如下。

①优点

为作物提供速效性钾、磷、硅等营养元素。

②缺点

具有促使土壤结晶构造被破坏的能力。

2.钾细菌与钾矿粉结合的意义

多糖类物质是土壤中富有活性的团聚体，在一定程度上，水稳性团聚体会随着土壤中多糖类含量的提高而增加；土壤中的多糖类物质是土壤微生物的合成产物。

因此，由果胶物质组成的钾细菌荚膜，在其菌体死亡后，对于土壤微团聚体的黏合形成可能具有促进作用。

将钾细菌和钾矿粉结合施用，还有以下特殊意义。

（1）可以提高钾矿粉肥效的试验结果；

（2）可以探索利用钾细菌进行分解；

（3）富集钾素以制造钾肥；

（4）为经济利用贫钾矿藏开辟了新的领域，具有特殊意义。

（三）钾细菌"多面手"特性

钾细菌是一种具有"多面手"特性的细菌。

（1）钾细菌能把含磷矿物中的磷分解出来；

（2）可以从空气中取得氮素，作为本身所需要的营养元素。

由此可知，钾细菌是一种具有"多面手"的细菌。

根据相关试验，钾细菌的作用如图11-3所示。

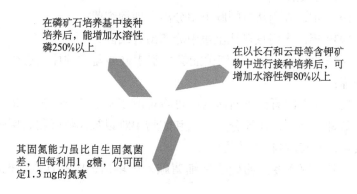

在磷矿石培养基中接种培养后，能增加水溶性磷250%以上

在以长石和云母等含钾矿物中进行接种培养后，可增加水溶性钾80%以上

其固氮能力虽比自生固氮菌差，但每利用1 g糖，仍可固定1.3 mg的氮素

图 11-3　钾细菌的作用

（四）钾细菌的分类

当前，研究和应用的钾细菌大致可以分为以下两类。

1.硅酸盐形态的钾细菌

此类钾细菌分离得到比较早，对它的研究工作也比较深入，目前，研究和应用最多、最广泛的钾细菌大多是这一类。

2.非硅酸盐形态的钾细菌

这是近几年筛选获得的，很多研究单位曾利用营养缺素筛选法获得过这类菌株，目前，还处在更深一层次的研究中。

在本书中，主要介绍硅酸盐形态的钾细菌。

三、钾细菌的形态特征

当前，引自中国科学院微生物研究所的以下两类菌株，是应用和研究较多的硅酸盐形态的钾细菌。

（1）"1.153"菌株；

（2）"1.231"菌株。

这两种菌株是与芽孢杆菌属的胶冻样芽孢杆菌相近的菌株。

（一）钾细菌外部形态

钾细菌是两端钝圆、体积较大的芽孢杆菌，有荚膜。通常情况下：

（1）在培养基上培养一昼夜的菌体：2～4个集中于一个荚膜内；

（2）培养2～3天后，每个菌体有一个荚膜；

（3）在培养基中培养10天后，能看到没有菌体的空荚膜。

在无氮培养基上培养时，能形成黏状突起而透明的菌落，菌落用接种针挑动时有明显的弹性。

钾细菌形态如图11-4所示。

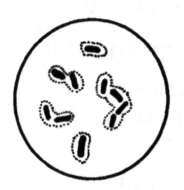

图 11-4　钾细菌形态

（1）长：4～7 μm；

（2）宽：1～1.2 μm；

（3）连同荚膜长：7～10 μm；

（4）连同荚膜宽：5～6 μm。

甚至还有更大的大菌体。荚膜的层数不固定，有时只有1层，有时有2～3层。

用亚甲蓝染色时，菌体出现以下现象。

（1）着色深；

（2）外裹黏液状由果胶物质形成的厚荚膜，不被染色。

芽孢的外部形态如下。

（1）椭圆形；

（2）位于中央；

（3）比菌体粗大。

菌体中通常有 1 ～ 2 个颗粒体。用刚果红或石炭酸—复红与酸性酒精染色时易于被观察到，革兰氏染色为阴性反应。

（二）钾细菌最适温度及酸碱度

钾细菌在整个生命活动过程中，最适温度及酸碱度如下。

（1）最适温度：28 ～ 30 ℃；

（2）最适酸碱度：7.2 ～ 7.4。

可以利用淀粉作碳源，在淀粉培养基中大量形成芽孢。芽孢位于中央或稍偏一点，在适当条件下就能发芽形成新菌体。

四、钾细菌在不同培养基上的形态

（一）钾细菌在无氮培养基上

在无氮培养基上，钾细菌的呈现形态如下。

（1）单个菌落呈正圆形；

（2）边缘整齐；

（3）表面湿润而光滑，有光泽；

（4）隆起度大，无色透明。

钾细菌在无氮培养基上的单个菌落侧视，如图 11-5 所示。

图 11-5　钾细菌在无氮培养基上的单个菌落侧视

菌苔浓稠、富有弹性，接种针挑动时可牵拉成较长菌丝。

（二）钾细菌在琼脂培养基上

在琼脂培养基上，如含氮淀粉或马铃薯的琼脂培养基，菌体呈现的形态如下。

（1）不形成荚膜而形成芽孢；

（2）菌落中央呈混浊状；

（3）失去弹性和牵丝状。

（三）钾细菌在牛肉膏蛋白胨培养基上

在牛肉膏蛋白胨培养基上钾细菌生长很微弱，菌体呈现的形态如下。

（1）长杆状；

（2）不形成荚膜。

五、硅酸盐形态钾细菌在培养基中的状态

硅酸盐形态的钾细菌在无氮液体培养基中，菌体繁殖后呈现的状态如下。

（1）形成黏稠的菌胶团；

（2）与培养基中的碳酸钙纠结在一起，沉于底部；

（3）不易摇散；

（4）液面不形成菌膜；

（5）液面不产生气泡；

（6）培养基上层完全清亮透明。

在含氮淀粉液体培养基中，菌体繁殖后形成均匀的悬浊液，不产生菌胶团，易形成芽孢，液面也不产生菌膜和气泡。

六、硅酸盐形态钾细菌的适应性

（一）钾细菌对营养条件的要求

硅酸盐形态的钾细菌对环境条件的适应性强，对营养条件要求比较低，通常情况下，能够在一般微生物无法生长的、极为贫乏的基质里生活。这里所说的贫乏基质，是指仅有少量磷矿粉和蔗糖的蒸馏水。

（二）钾细菌对碳源的利用

对于碳源的利用范围较为广泛，能够利用的物质如下。

（1）葡萄糖；

（2）蔗糖；

（3）乳糖；

（4）麦芽糖；

（5）甘露醇；

（6）可溶性淀粉等。

利用时不产生明显的酸，pH 值的变化范围降了 0.2 ～ 0.8，不仅糖多，荚膜黏液也多。

（三）钾细菌对氮源的利用

能在无氮培养基上很好地生长，但固氮力较低，每利用 1 g 糖仅固定 1.3 mg 氮。

钾细菌不能很好地利用有机氮源。在麦芽汁中生长不好。

（四）钾细菌对灰分元素的利用

钾细菌对灰分元素有特殊利用的能力，可在以下条件下快速、旺盛地生长。

（1）无速效磷、速效钾；

（2）仅有少量磷矿粉；

（3）仅有少量钾矿粉。

七、硅酸盐形态钾细菌为兼性需氧细菌

不同温度下，其生长状态有很大的区别。

（1）25 ～ 28 ℃：培养最适宜的温度；

（2）60 ℃：营养体可存活 10 min；

（3）100 ℃：芽孢可存活 20 min。

不同 pH 值下，其生长状态也有很大的区别。

（1）pH = 7.0 ～ 7.2：最适 pH 值；

（2）pH ≤ 5：生长受抑制；

（3）pH ≥ 8：生长受抑制。

八、芽孢移接到新培养基

芽孢移接到新培养基后，硅酸盐细菌的发育过程如图 11-6 所示。

然后由小杆菌发育成
典型的大荚膜杆菌

经 8～12 h 后，就
能发育形成带荚膜
的小杆菌

继续发育裂殖
成许多小杆菌

硅酸盐细菌
的发育过程

图 11-6　硅酸盐细菌的发育过程

培养时间较长，在长达 30 天以上的时候，可以发现荚膜内出现以下变化。

（1）杆菌伸长；

（2）逐渐弯曲成弧形；

（3）逐渐弯曲成 C 形；

（4）逐渐弯曲成 S 形。

以上畸形形成的原因，有可能是环境不利于菌体繁殖伸长而导致的。

九、钾细菌的主要分布及矿化能力

（一）钾细菌的主要分布

在各地的土壤中及作物根际均能找到这种形态的钾细菌。根据相关研究测定，通常情况下，农田土壤里每克土壤中可有几千到几万个，例如：

（1）北京的小麦田：每克干土有 0.9 万～2.5 万个；

（2）河北邯郸的棉花田：每克干土有 0.3 万个；

（3）湖北武昌的水稻田：每克干土有 0.2 万～2.5 万个。

（二）钾细菌的矿化能力

硅酸盐形态的钾细菌对无效钾和无效磷具有一定的矿化能力。

（1）在无氮液体培养基中：

①唯一钾源：钾长石；

②唯一磷源：磷矿粉。

接种钾细菌与不接种钾细菌的均在 28 ℃下培养 4 天，然后分别同时测定速效钾及速效磷。

①测定速效钾含量：用亚硝酸钴钠比浊法；

②测定速效磷含量：用钼蓝比色法。

（2）取稻田土壤灭菌后再接种钾细菌与不接种钾细菌分别培养 4 天后，同时测定速效钾、磷的含量。测定结果证明这两株钾细菌对钾、磷矿石和土壤均有释放速效钾和磷的有益作用，其中，接种钾细菌的速效钾和速效磷的含量，较未接种钾细菌的高出约一倍。

钾细菌对钾、磷矿石和土壤中难溶性钾、磷的分解功能如表 11-3 所示。

表 11-3　钾细菌对钾、磷矿石和土壤中难溶性钾、磷的分解功能

处理			速效磷含量 /ppm		速效钾含量 /ppm	
			Ⅰ	Ⅱ	Ⅰ	Ⅱ
无氮培养基分别以 0.05% 的钾长石粉和 0.05% 的磷矿粉作为唯一钾源和磷源，培养 4 天	接种菌株号	1.153	10	8.9	15	10
		1.231	12.5	8.2	10	10
	不接种钾细菌		7.2	5	5	5
稻田土壤灭菌后培养 4 天	接种钾细菌		112	144	162	102
	不接种钾细菌		64	96	60	84

十、钾细菌利用养分途径

硅酸盐形态的钾细菌具有分解含钾矿物的机制。在钾细菌溶解磷灰石的研究，中华中农学院发现了这一现象：钾细菌的大量菌胶团围绕矿物颗粒而取得磷钾养料，钾细菌不产生酸性反应；在用火棉胶将钾细菌和磷灰石分开后，钾细菌不能生长，磷灰石也不能分解。

（一）钾细菌利用岩石矿物养分的途径

钾细菌利用岩石矿物养分的途径主要有以下两种。

（1）钾细菌和矿石接触并产生特殊的酶，破坏矿石结晶结构而释放出其中的养分；

（2）钾细菌和岩石在岩石矿物表面接触而进行交换作用。

也有人认为，钾细菌分泌出来的以下物质，都能与钙、铁、铝等金属离子形成一些较相应的磷酸盐更稳定的有机化合物——金属有机酸综合体，从而增加了难溶性磷酸盐的溶解度。

1. 有机酸

（1）乳酸；

（2）琥珀酸；

（3）柠檬酸。

2. 其他各种氨基酸

（二）钾细菌释放钾的原因

钾细菌很可能通过上述几种途径，把长石、云母等铝硅酸盐矿物晶格中的钾释放出来。释放出来的钾主要去向如下。

（1）一大部分钾为其生命繁殖活动所需要，组成其菌体成分。在菌体灰分中，33% ≤钾含量≤ 43%。这种在菌体内的钾，在菌体本身死亡之后，又从菌体内游离出来，可为植物所吸收利用。

（2）另一部分钾从矿物晶格中释放出来，直接被植物吸收利用。

第二节　制备钾细菌肥的土法方式

一、土法生产流程

钾细菌肥的土法生产比较简便，主要原因有以下三点。

（1）原料可以就地取材；

（2）来源非常广泛；

（3）成本低廉。

生产过"九二〇"及"五四〇六"等微生物制品的地方，都能成功生产出钾细菌肥。

（一）钾细菌肥的生产方法

钾细菌肥的生产方法是：沙土管→斜面菌种→液体扩大培养→固体扩大培养→菌肥扩大堆制。

（二）土法生产流程

土法生产流程如图 11-7 所示。

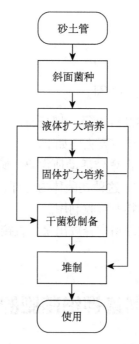

图 11-7　土法生产流程

二、斜面菌种的制备

活化菌体是制备斜面菌种的目的，即使菌体或芽孢从休眠状态恢复到生命旺盛活跃阶段，并繁殖扩大菌体数量。

（一）斜面培养基成分

斜面培养基的成分如下。

（1）磷酸氢二钾（K_2HPO_4）：0.5 g；

（2）蔗糖：10 g；

（3）氯化钠（NaCl）：0.2 g；

（4）硫酸镁（$MgSO_4$）：0.2 g；

（5）碳酸钙（$CaCO_3$）：1.0 g；

（6）琼脂：15～18 g；

（7）酵母片：0.4 g；

（8）洁净水：1000 mL。

（二）操作方法

操作方法如下。

（1）先将各成分溶入水中煮沸，加入琼脂，使之溶解。

（2）分装试管，塞上棉塞，外包牛皮纸。

（3）灭菌。

①灭菌压力：1.05～1.1 kg/cm^2；

②灭菌时间：半小时或以蒸汽间歇灭菌3次。

（4）趁热放成斜面，待凝固冷却后接种。

①放置温度26～30 ℃；

②培养时间：3～4天。

斜面上可以生成黏液状无色透明菌苔。

（三）鉴定斜面菌种

无杂菌污染的斜面菌苔具有以下这些特征。

（1）无色透明；

（2）表面光泽；

（3）边缘整齐；

（4）呈现凸起。

这个凸起是黏液状的，用接种针挑动能拉起较长的菌丝。

用亚甲蓝染色镜检为具有不被染色的荚膜的杆菌，可以用石炭酸—复红染色进行镜检。革兰氏染色呈阴性。

也可用荚膜染色法来区别荚膜和菌体。若失去这些特点或有其他颜色、特点不同的菌落，则说明已产生污染，在生产中就不能继续使用。

三、液体扩大培养

液体扩大培养是进一步扩大菌种量，为干菌粉制备、固体生产或堆制使用作准备。

（一）无氮培养基成分

无氮培养基的成分如下：
（1）磷酸氢二钾（K_2HPO_4）：0.2 g；
（2）蔗糖：5.0 g；
（3）硫酸镁（$MgSO_4$）：0.2 g；
（4）硫酸钙（$CaSO_4$）：0.1 g；
（5）氯化钠（NaCl）：0.2 g；
（6）碳酸钙（$CaCO_3$）：5.0 g；
（7）洁净水：1000 mL。
也可以使用以下这些物质，配制培养基进行试用。
（1）钙镁磷肥（或磷矿粉）：0.2 g；
（2）蔗糖：5.0 g；
（3）食盐：0.2 g；
（4）长石粉：0.2 g；
（5）石灰石粉（或贝壳粉）：5.0 g；
（6）石膏粉：0.1 g；
（7）洁净水：1000 mL；
（8）pH = 7.2～7.4。

（二）淀粉铵溶液培养基成分

（1）硫酸镁（$MgSO_4$）：0.5 g；
（2）磷酸氢二钾（K_2HPO_4）：2.0 g；

（3）酵母粉：0.2 g；

（4）可溶性淀粉：5.0 g；

（5）碳酸钙（$CaCO_3$）：0.1 g；

（6）硫酸铵 $[(NH_4)_2SO_4]$：1.0 g；

（7）1% 的三氯化铁溶液：30 滴；

（8）洁净水：1000 mL。

（三）操作方法

操作步骤如下。

（1）按配方称好，充分溶解搅匀，不同形状的瓶子装入量要按照一定的规格：

① 250 mL 三角瓶装 100 mL 培养液；

② 250 mL 耐高温、耐高压的细口瓶装 100 mL 培养液。

（2）塞上棉塞。

（3）灭菌：

①灭菌压力：1.05 ～ 1.1 kg/cm^2；

②灭菌时间：半小时或以蒸汽间歇灭菌 3 次。

（4）冷却后，用斜面菌种或液体种子液接种。

①放置温度：26 ～ 30 ℃；

②培养时间：3 ～ 4 天。

之后，就可以作液体种子或直接施用。

（四）以上两种培养基的比较与选择

以上两种培养基，经多次培养观察比较，各具特点，如表 11-4 所示。

表 11-4　两种培养基的比较

区别比较	无氮培养基	淀粉铵溶液培养基
培养方式	需要静置培养，生长良好，可以减少振荡设备	需要振荡培养，每天定时摇瓶 5 ～ 6 次或采用振荡设备进行

区别比较	无氮培养基	淀粉铵溶液培养基
菌体	将瓶底的碳酸钙沉淀物胶结成难以分散的菌胶团，如受杂菌污染，则菌液底部不能形成牢固的菌团，因此，易于目测观察其生长优劣	钾细菌在淀粉铵培养液中形成芽孢，能增强其抗逆性
繁殖速度	将无氮液体培养菌剂接入固体后一般生长繁殖较快，作液体种子或直接施用时难以分散均匀	淀粉铵种子液接入固体培养基，一般生长稍慢，可能与促使其形成芽孢有关。菌液均匀，分散容易
碳源	培养基需以糖作碳源	用淀粉作碳源，来源广泛，如淘米水等均可用来代替

在进行液体培养时，采用哪一种培养基，可以根据具体条件来进行选择。

（五）鉴定液体菌剂

用无氮培养基培养的钾细菌液，没有杂菌污染时，呈现以下几种状态。

（1）碳酸钙沉淀物和菌体在瓶底形成难以摇散的菌胶团；

（2）上层菌液呈无色、清亮、透明度较大的液体。

在生长不良或有杂菌污染的情况下，呈现以下状态。

（1）菌液底部不易形成牢固的菌胶团；

（2）碳酸钙沉淀物呈分散态，稍黏稠、一摇动即浑浊；

（3）液面有泡沫和其他杂菌菌丝体。

用亚甲蓝染色镜检为具有荚膜的杆菌。用淀粉铵溶液培养时，钾细菌形成芽孢，悬浮在培养液中，菌液呈黏稠度较大的悬浊液。用孔雀绿—复红复染镜检，可以看见显绿色的芽孢和显红色的菌体。

被污染时，呈现以下这几种状态。

（1）液面产生菌膜；

（2）液面产生泡沫；

（3）产生杂菌菌丝体。

四、固体扩大培养

（一）固体培养基加入木薯渣对钾细菌增殖的影响

（1）取腐熟的堆肥、草炭或火土灰晒干。

（2）细粉、过筛。

（3）加入 0.1% 的钙镁磷肥或磷矿粉，拌匀。

（4）调湿至手捏成团、触之即散的程度，分装在广口瓶中，或装在其他耐高温、耐高压的大口瓶中。

（5）用双层纱布棉花垫扎口。

（6）灭菌。

①灭菌压力：1.2 ～ 1.4 kg/cm² （18 ～ 20 磅）；

②灭菌时间：60 min 或木甑长温灭菌 24 h。

（7）冷却后，用液体种子菌液接种。

①放置温度：26 ～ 30 ℃；

②培养时间：5 ～ 7 天。

在固体培养基中加入 5% 左右的木薯渣，就可以大量提高菌肥含菌量，如表 11-5 所示。

表 11-5　固体培养基加入木薯渣对钾细菌增殖的影响

单位：亿个 /g

处理	重复（1）	重复（2）	平均
草土 100%	34	34	34
草土 95%+ 木薯渣 5 %	88	80	84
草土 95%+ 磷矿粉 5 %	42	33	37.5
草土 90%+ 磷矿粉 5 % + 钾矿粉 5 %	33	38	35.5
草土 85%+ 磷矿粉 5%+ 钾矿粉 5 %+ 木薯渣 5%	67	68	67.5

（二）具体做法

具体做法如图 11-8 所示。

1. 先将木薯渣加水煮成浆糊状，再拌入固体培养基

2. 加有木薯渣的固体培养基接入钾细菌后，表面呈现具有光泽的透明菌落

3. 菌落颗粒之间很黏，可拉成不太长的菌丝，形如在斜面上的菌苔

4. 硅酸盐形态的钾细菌在碳源、尤其是糖类充足的情况下，产生荚膜黏液也多

图 11-8　具体做法

木薯渣经煮熟后，其中的淀粉变成糊精和糖类，糖类很容易被硅酸盐钾细菌所利用，可能包含有某种生长素类物质，可以促进钾细菌的增殖。

（三）培养基中加面粉及硫酸铵

在上述培养基中，按总量加入 0.1% 的硫酸铵和 0.5% 的面粉，将其充分搅拌均匀装入瓶中进行灭菌，之后再接入液体种子菌液，培养温度及时间如下。

（1）放置温度：26 ～ 30 ℃；

（2）培养时间：5 ～ 7 天。

两种培养基对比分析。

（1）如果培制后立刻使用，第一种比较好；

（2）如果培制成干菌粉，第二种比较好；

（3）如果作较长时间的储存、运输，第二种比较好。

固体菌剂不仅可以直接施用，还可以密封之后进行运输或储存。

（四）采用以下培养基

1. 培养基成分

（1）饼粉：10%；

（2）肥土：80%；

（3）麦麸：5.0%；

（4）碎米粉：5.0%；

（5）自然酸碱度。

2. 培养基制作

（1）加水量 = 料重 ×35%；

（2）将麦麸、碎米粉、饼粉等原料吸足水分；

（3）与细土充分拌匀，土粒必须稍小于培制"五四〇六"号抗生菌肥用的饼土；

（4）装瓶灭菌后，冷却接种，培养。

（五）鉴定固体菌肥

1. 固体菌肥外观判断

（1）没有别的颜色的霉菌菌丝体；

（2）整体湿润；

（3）没有特殊臭味。

2. 菌胶团形成与否的判断

（1）将固体菌剂转接入无氮液体培养基内；

（2）观察是否可以形成牢固的菌胶团，用来检验菌剂有没有受杂菌污染。

3. 确定固体菌剂活菌含量

（1）用无菌操作称取 1 g 菌剂，定量稀释；

（2）在显微镜 700 倍下用血球计数板直接计数：

通常情况下：40 亿～ 80 亿个 /g；

最高可以达到≥ 100 亿个 /g。

（3）计数时，需要旋动微调螺丝，使处于各液层的菌体均能被数到。

（4）同时用刚果红—盐酸酒精染色，鉴定活菌体百分比，确定固体菌剂活菌含量。

采用以上方法不仅迅速，还很简便。同时，也可以使用平板稀释法测定菌数，这种方法相对比较准确、可靠。

五、制备钾细菌干菌粉

（一）制作干菌粉的必要性

制作干菌粉必要性主要有以下几点。

（1）为了有效保证菌肥质量；

（2）防止杂菌污染，导致霉变；

（3）方便包装；

（4）便于运输及储存。

需要根据硅酸盐形态的钾细菌能形成芽孢的特点，制作钾细菌干菌粉。制造干菌粉主要有液体培养菌液吸附干燥法及固体菌剂干燥法。

（二）液体培养物吸附干燥法

液体培养物吸附干燥法的具体步骤如下。

（1）将培养完成的二级液体菌液，按照 1∶2 的数量拌入以下任何一种即可。

①经灭菌冷却后的草炭；

②钾长石粉；

③泥炭细砂。

（2）拌匀后放在 35 ～ 40 ℃无菌条件下烘干。

（3）烘干后进行粉碎，用灭菌过的塑料薄膜袋或牛皮纸袋进行包装、运输。

（4）放在干燥阴凉处保存，备用。

（三）固体培养菌剂干燥法

固体培养菌剂干燥法的具体步骤如下。

（1）将已培制好的固体菌肥放在没有太阳直射的无菌室内。

（2）在适宜温度下进行缓慢烘干处理。

最适宜的烘干温度为 35 ～ 40 ℃，不能在 50 ～ 60 ℃高温下急速烘干，其原因主要有以下几点。

①钾细菌由菌体形成芽孢的时间较长：在无氮培养基上约需要 7 天；在有氮淀粉培养基上约需要 3 天。

②高温烘干，由于烘干速度太快，导致钾细菌来不及形成芽孢而在营养体阶段就被干燥失水和受高温影响易于死亡，造成干菌粉中含菌量不高。

六、钾细菌肥的扩大堆制

钾细菌肥的扩大堆制，就是在不灭菌的自然条件下，使钾细菌大量迅速增殖。

在菌肥施用前 7 天左右，可以将培制好的固体菌剂、液体菌液或干菌粉，撒入腐熟的厩肥中，混匀后施用。

（一）扩大堆制

扩大堆制的步骤如图 11-9 所示。

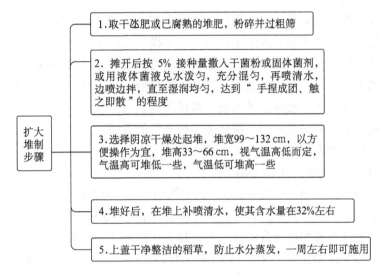

图 11-9　扩大堆制步骤

（二）质量检查

（1）堆的上、中、下、内、外湿度应均匀；

（2）色泽相同，没有生长霉菌；

（3）无霉味及其他臭味；

（4）在中、下层团粒上隐约可见湿润的光润物。

七、质量鉴定中的染色和计数

在土法生产钾细菌肥的过程中，为了保证正常生产及菌肥质量，需要随时进行检查和鉴定。

在使用显微镜进行镜检时，需要先染色，用来识别是否受到杂菌的污染并判断钾细菌发育的具体阶段。

对于产品应测定含菌数量，便于合理施用。

（一）质量鉴定中的染色方法

在质量鉴定过程中，有多种染色方法，下面对其进行详细阐释。

1. 亚甲蓝（次甲基蓝）或石炭酸—复红染色法

（1）染色步骤

①在洁净的载玻片中央，采用无菌操作法挑取菌落或菌液均匀涂片；

②使其风干，在微弱火焰上通过 2 ～ 3 次进行固定；

③加亚甲蓝或石炭酸—复红染色液，漫过涂菌面，停留 1 min；

④倾去染色液，用细水流冲去多余的染色液，直至流出的水变清为止；

⑤用吸水纸吸去玻片上的水液，即可测检。

在视野中可见染色较深的菌体和不被染色的荚膜。

（2）染色液配制

①石炭酸—复红染色液的配制：

先配制一种溶液：在 10 mL95% 的酒精中，溶入 0.3 g 碱性复红；

再配制另一种溶液：在 95 mL 蒸馏水中，溶入 5 g 石炭酸；

把以上这两种溶液充分混合，并对其进行稀释，大约稀释 5 ～ 10 倍就可以使用。需要注意的是，由于石炭酸—复红染色液容易失效，因此，不宜配制太多，且不宜长时间放置。

②亚甲蓝染色液的配制：

先配制一种溶液：在 30 mL95% 的酒精中，溶入 0.3 g 亚甲蓝；

再配制另一种溶液：在 100 mL 蒸馏水中，溶入 0.01 g 氢氧化钾；

把以上这两种溶液充分混合就可以使用。

2. 革兰氏染色法

（1）操作步骤

①在洁净载玻片中部，加一滴蒸馏水，以无菌操作法挑取菌液或菌苔和蒸馏水混匀涂成均匀的薄片；

②晾干，在微弱火焰上通过 2 ～ 3 次固定；

③加结晶紫染色液漫过涂菌面，染色 1 min；

④用细水流冲洗，再加碘液固定 1 min 后，用细水流冲洗；

⑤严格控制脱色时间，即用 95% 的酒精脱色 15 ～ 30 s，或者用 95% 的

酒精冲洗至涂片上流下的酒精无色为止；

⑥立即用细水流冲洗，甩掉玻片上残留水液；

⑦加蕃红染色液复染 2～3 min，再用细水流冲洗后晾干，就可以进行镜检。

在显微镜下菌体：

呈紫色者属革兰氏阳性：用 G⁺ 表示；

呈红色者属革兰氏阴性：用 G⁻ 表示。

硅酸盐细菌为革兰氏阴性细菌，呈红色。

（2）染色液配制

①碘—碘化钾媒染液配制（卢戈氏碘液）：

量取 300 mL 蒸馏水，称取 2.0 g 碘化钾、1.0 g 碘。先在蒸馏水中溶解一小部分碘化钾，再在碘化钾溶液中溶解碘，然后将其余的蒸馏水添加进去。

②结晶紫染色液配制：

先配制一种溶液：在 25 mL95% 的酒精中，溶入 2.5 g 结晶紫；

再配制另一种溶液：在 100 mL 蒸馏水中，溶入 1.0 g 草酸铵；

把以上这两种溶液充分混合就可以使用，且结晶紫染色液可储存的时间比较久。

③蕃红（即沙黄）染色液配制：

在 100 mL 蒸馏水中溶入 2 g 磨细的蕃红。

3. 荚膜复染法

（1）染色步骤

①用无菌操作取菌液在玻片上涂匀，并在火焰上固定；

②滴加亚甲蓝染色液，在火焰上加热至冒出蒸汽为止；

③冷却后用蒸馏水冲洗；

④用碱性品红染色液复染 15～30 s；

⑤用蒸馏水冲洗，待水流呈无色为止；

⑥用滤纸吸干水滴，镜检。

菌体呈现蓝色，荚膜呈现品红色。

（2）染色液配制

①亚甲蓝染色液的配制：

先配制一种溶液：在 30 mL95% 的酒精中，溶入 0.3 g 亚甲蓝；

再配制另一种溶液：在 100 mL 蒸馏水中，溶入 0.01 g 氢氧化钾；

把以上这两种溶液充分混合就可以使用。

②碱性品红染色液的配制：

在 1 mL95% 的酒精中，溶入 0.03 g 碱性品红，并用蒸馏水稀释至 100 mL。

4.孔雀绿—复红芽孢复染法

（1）染色步骤

①用无菌操作挑取菌液涂片，风干固定；

②加孔雀绿染色液，在火焰上加热 10 min 左右至冒出蒸汽，但不使其沸腾；

③若染色液蒸干，可继续滴加染色液；

④冷却后用细水流冲洗，以 95% 的酒精脱色，至流下的酒精无色为止；

⑤晾干后，加复红染色液复染 3 ～ 4 min，用洁净水冲洗，干后镜检。

芽孢呈现绿色，菌体呈现红色。

（2）染色液配制

①复红（碱性品红）或蕃红染色液的配制：

在 100 mL 蒸馏水中，溶入 25 g 复红或蕃红。使用时再将其稀释 10 倍。

②孔雀绿染色液的配制：

在 100 mL 蒸馏水中，溶入 5 g 研细的孔雀绿。

5.鉴别菌体死活染色法

（1）染色步骤

①将待测稀释菌液与 1 滴刚果红染色液很薄很均匀地涂布在载玻片中央；

②风干，滴加 1 ～ 2 滴盐酸酒精，涂菌面变蓝，使其迅速风干；

③风干后在高倍镜下观察，蓝色或浅蓝色的为死菌体，无色透明的为活菌体；

④连续数几个区域的死、活菌体数，求出其百分比，即可以从直接计数法所测总菌量中减去死菌数，从而计算菌肥活菌含量。

（2）染色液配制

①盐酸酒精溶液的配制：

将 10 mL 蒸馏水加入 1 ～ 2 mL95% 的酒精，再加入 0.3 mL 浓盐酸（比重为 1.19）混匀。

②刚果红染色液：

在 10 mL 蒸馏水中，溶入 0.1 ～ 0.2 g 刚果红。

（二）测定土法生产的产品中含菌数

土法生产的产品含菌数的测定方法，通常情况下，应用较多的有两种，如图 11–10 所示。

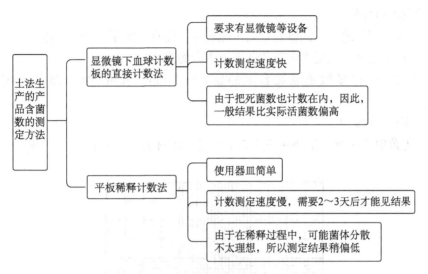

图 11–10　土法生产的产品含菌数的测定方法

1. 显微镜下直接计数法

直接计数法的步骤如下。

（1）取 3 个三角瓶，每个三角瓶都是 250 mL，分别装入蒸馏水或过滤水，每个三角瓶的装水量如下：

第一个三角瓶装水：100 mL；

第二个三角瓶装水：90 mL；

第三个三角瓶装水：90 mL。

（2）在 3 个三角瓶中装入碎小的瓷片，或者 20 颗玻璃珠。

（3）用棉塞塞上三角瓶口，灭菌。

（4）待其冷却，称取 1 g 样品，并将其放入第三个三角瓶里。

（5）将其进行充分混合，持续摇动大约 20 min。

（6）用 10 mL 灭菌吸管从第一个三角瓶中吸取菌悬液 10 mL 至第二个三角瓶中，并摇动 5 ～ 10 min。

（7）用另一支 10 mL 火菌吸管从第二个三角瓶中吸取 10 mL 菌悬液至第三个三角瓶中，摇动 2 ～ 5 min。

（8）至此，第三个三角瓶中的菌液为 10 000 倍的稀释液。

（9）用 1 mL 灭菌吸管吸取少量 10 000 倍稀释液，注入血球计数板的计数池及坑道部位。

（10）仔细地从一侧倾斜地盖上盖玻片，注意一定不能产生气泡。

（11）用吸水纸吸去盖玻片范围外多余的菌液。

（12）放在显微镜载物台上静置 2 ～ 3 min，就可以在 675 倍下观察计数。

观察方法如下。

①数中央任意一格和四角共 5 个大格，如图 11-11 所示；

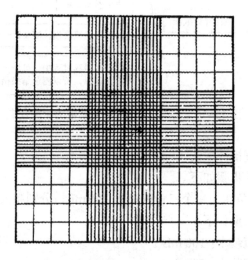

图 11-11　16×25 血球计数板

②取样要均匀，调整微动螺旋，反复观测；

③对于压在方格边缘线上的菌体，其计数的方法为：数左边不数右边，数上边不数下边；

④重复制片观察，取多次观察测定数求取平均值，从而提高观测数值的准确性。

菌肥含菌量的计算公式如下：

每克菌肥的含菌量 = 所计每小格的平均菌数 × 400 × 稀释倍数 × 10 000。

2. 平板稀释法

（1）准备器皿

每测一个样品需要的器皿如下。

① 10 mL 灭菌吸管：6 支；

② 1 mL 灭菌吸管：3 支；

③ 直径为 9 cm 的灭菌培养皿：6 只；

④ 三角瓶：1 只，且装有灭菌水 100 mL；

⑤ 三角瓶：6 只，且装有灭菌水 90 mL；

⑥ 每瓶灭菌水中放入小瓷碎片或约 20 颗玻璃珠；

⑦ 10 mL 斜面无氮培养基试管：6 支，并且灭过菌。

（2）操作步骤

① 在盛有 100 mL 灭菌水的三角瓶中，放入 1 g 待测样品；

② 充分摇动 20 ～ 30 min，制成 10^{-2} 稀释菌液；

③ 从稀释菌液中吸取 10 mL，至第 2 个三角瓶中；

④ 充分摇动 10 min，制成 10^{-3} 稀释菌液；

⑤ 依次稀释到 10^{-8} 菌液，每次摇动的时间为 5 min，并且每次吸取菌液时，一定要更换灭菌吸管。

（3）计数方法

① 熔化培养基之后，趁热将其倒入培养皿；

② 依次吸取 1 mL 10^{-6}、10^{-7}、10^{-8} 稀释浓度菌液，吹入快要凝固而尚未凝固的培养基中，温度为 40 ～ 45 ℃；

③ 使培养皿在平台上移动，将菌液和培养基混匀，重复 2 次；

④ 冷却，待凝固之后，将其倒置在 26 ～ 30 ℃ 下恒温培养 2 ～ 3 天，取出计数。

平板上每一个菌落都代表稀释菌液中的一个活菌体。具体的计算公式如下：

$$每克菌肥含菌量（个）= \frac{（甲 + 乙 + 丙）× 稀释倍数 10^{-8}}{3};$$

$$甲 = \frac{10^{-6} 稀释菌液两倍培养皿中菌落之和}{2} × \frac{1}{100};$$

$$乙 = \frac{10^{-7}稀释菌液两倍培养皿中菌落之和}{2} \times \frac{1}{10};$$

$$丙 = \frac{10^{-8}稀释菌液两倍培养皿中菌落之和}{2}。$$

八、土法生产中的灭菌方法

在土法生产中，灭菌是一项非常关键的环节，因灭菌是否过关，关系着能否提高产品含菌量并保证生产的顺利。

根据具体条件，可以选择不同的方法进行灭菌。

（一）高压蒸汽灭菌

1. 灭菌对象

（1）玻璃器皿；

（2）培养基；

（3）某些用具；

（4）各种不用高温蒸汽处理而变质的物品材料。

2. 操作步骤

（1）各种以水加热产生蒸汽的灭菌器，灭菌前一定需要先加够适量的水，通入蒸汽的灭菌器不需加水。

（2）往灭菌器内放入培养基等灭菌材料时，必须架空，以保证蒸汽的通透、灭菌彻底。

（3）为了防止冷凝水打湿棉塞，可在上部覆盖一层牛皮纸。

（4）放置完毕后，需要盖紧灭菌器，防止漏气。

（5）加热或通入蒸汽，压力不断上升，至压力达到 0.5 kg/cm² 时，打开放气阀，排出灭菌器内的蒸汽及冷空气。

（6）关闭阀门，继续加热，压力持续上升，至压力达到 1.05 kg/cm² 时，灭菌器内的温度保持在 121 ℃。

（7）灭菌材料不同时，维持时间不同：

①如果灭菌材料是液体培养基或斜面培养基，需要调节加热器，控制灭菌器内压力不上升，维持半小时。

②若灭菌材料是固体培养基，就需要将气压上升到 1.2 ～ 1.4 kg/cm²，此

时，灭菌器内温度保持在 123 ～ 125 ℃，再调节加热器，使控制器内压力不上升，维持一小时。

（8）灭菌完毕后，将加热器关闭，让其自然冷却，气压下降。

（9）当气压达到 0.5 kg/cm² 时，再打开放气阀，排除灭菌器内剩余蒸汽。

（10）不要在灭菌器内气压较高时打开灭菌器盖或放气阀，防止液体培养基因突然气压下降而冲溅出来，引起污染。

（11）如果在灭菌器内压力降至 0 后，仍不打开灭菌器盖，可能因产生负压而不容易打开，这时应将灭菌器重新加热，消除负压，再打开灭菌器盖。

（12）打开灭菌器，取出灭菌材料：

①如果是斜面培养基，应立刻放入无菌室，摆成斜面；

②如果是固体培养基，稍微冷却后，应趁热摇散避免结块。

采用这种方法灭菌比较彻底，灭菌时间短，但灭菌容量比较小。

（二）间歇蒸汽灭菌

间歇蒸汽灭菌适用于在缺少高压蒸汽灭菌设备或在高温高压下容易变质的材料。

操作步骤如下。

①将灭菌材料放在蒸笼中，搁在盛水的锅上，加热；

②待蒸笼上冒出大量蒸汽时开始计时，维持 1 h；

③取出灭菌材料，促使未被杀死的真菌孢子或细菌芽孢萌发；

④ 24 h 后，再重复灭菌一次；

⑤连续间歇灭菌 3 次，能达到彻底灭菌的效果。

这种方法灭菌容量大，但灭菌时间和设备周转时间较长。

（三）长温蒸汽灭菌

在燃料充足，无高压灭菌设备，生产量要求大的地方，可以采用此法对固体培养基进行灭菌。

操作步骤如下。

（1）用大约 2.5 cm 厚的木板制成深桶型的木甑，上部开口直径＞底部，大小以不超过可盛装 300 ～ 500 个 500 mL 的广口瓶为宜；

（2）甑底用较厚的木板，上面均匀地挖出圆孔或缝隙，以便蒸汽流通，甑底需牢固地嵌入木甑壁板内；

（3）能承担300～500个装料玻璃瓶的重量。

上部用一个比甑口稍大的厚木板制成甑盖，土蒸锅示意如图11-12所示。

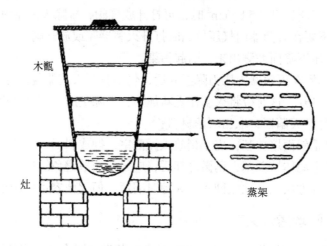

木甑

灶

蒸架

图11-12　土蒸锅示意

4.灭菌

灭菌步骤如图11-13所示。

该方法优缺点如下。

（1）优点

灭菌容量大，灭菌和设备周转时间比间歇灭菌法短。

（2）缺点

消耗燃料量较大，且长时间使用高温灭菌，培养基营养损失较多，酸碱度下降比较剧烈。

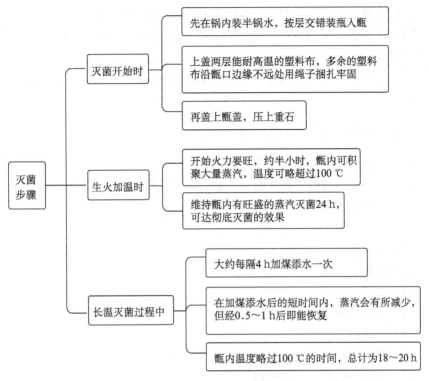

图 11-13 灭菌步骤

（四）干热灭菌

1. 能用干热灭菌的器物

（1）玻璃器皿；

（2）其他不含水分、不易燃烧的材料；

（3）其他不含水分、不易燃烧的用具。

2. 操作步骤

（1）将玻璃器皿抹干水迹，用纸包扎好。

（2）放入干燥箱内，关好箱门，接上电源。

（3）调节箱内温度，预计时间：

①温度：160～170 ℃；

②维持时间：2 h；

要防止温度过高引起棉花、纸张或其他含纤维素物品焦化。

（4）灭菌后，关闭电源，使箱内温度自行下降至室温，再打开箱门，取出灭菌材料。

（5）在温度过高时，为了防止玻璃器皿突然遇冷而爆裂损失，不宜打开箱门。

（五）化学试剂的消毒灭菌

1. 哪些能用化学试剂进行消毒灭菌？

能用化学试剂进行消毒灭菌的主要有以下几种。

（1）接种室；

（2）接种箱；

（3）培养室；

（4）曲盘；

（5）曲架；

（6）工作人员；

（7）皮肤；

（8）某些材料的表面处理等。

2. 常用的化学消毒、灭菌剂

通常情况下，常用的化学消毒、灭菌剂的成分、名称、性能、用法、用途及注意事项等，如表11-6所示。

表11-6　常用的化学消毒、灭菌剂

名称	用途和用法	成分及性能	注意事项
硫黄	空间熏蒸消毒用量 15 g/m³；用法：按量将硫黄粉加入瓷碗内，用纸片点燃，随即产生大量烟雾至自行熄灭	粉末，通过燃烧产生 SO_2 杀菌	1. 熏蒸前喷洒水雾可增加杀菌效果；2. 防止金属器皿生锈、腐蚀
甲醛溶液（福尔马林）	空间熏蒸消毒用量 2 mL/m³；用法：将甲醛按量加入瓷碗内，加热，挥发至干	含甲醛37%～40%的水溶液	1. 甲醛有白色沉淀时，可加几滴硫酸溶解；2. 甲醛对眼睛的刺激性很强，应注意防护

名称	用途和用法	成分及性能	注意事项
漂白粉（含氯石灰）	2%～5%水溶液作表面消毒用，如洗刷墙壁、曲盘、床架等	有氯气味，灰白色粉末，在水中分解成次亚氯酸，具强杀菌作用	杀菌效力持续时间短，应随配随用
酚（石炭酸）	3%～5%溶液用于无菌室喷雾或器皿消毒	白色结晶或油状溶液（粉红色）	对皮肤有很强侵蚀作用
酒精（乙醇）	70%～75%酒精用于皮肤及器皿消毒玻棒等可蘸酒精灼烧灭菌	无色透明溶液	
新洁尔灭	稀释成0.25%，用于皮肤消毒及器具或材料表面灭菌	含5%的季铵盐，冻胶状固体	
来苏儿（煤酚皂溶液）	1%～2%溶液用于手部消毒（浸泡2 min）或灭菌室喷雾；3%的溶液用于器皿消毒（浸泡1 h）	含50%的煤酚皂溶液，消毒作用比酚强4倍	
高锰酸钾	0.1%的溶液用于表面消毒，如洗刷曲盘、床架、器皿、表面消毒等	紫色针状结晶	

在生产过程中，可根据具体情况及条件进行选择应用。

（六）火焰灭菌

接种用的接种刀、接种针、环、铲等，均能在火焰上灭菌。灭菌的步骤如下。

（1）在接种前，先将接种针竖立在酒精灯火焰上，将金属丝烧红，金属丝最好是铂金丝，也可用一般的电热丝代替；

（2）再横着火焰，让接种针金属柄通过2～3次；

（3）最后把前端金属丝烧红灭菌，冷却备用；

（4）在连接每一试管前再烧红金属丝灭菌。

（七）紫外线灯光灭菌

在有条件的地方，可以采用紫外线灯进行灭菌。在接种室或接种箱中，通常情况下：

（1）紫外线灯的功率：使用 30 W 或 45 W；

（2）装置位置：距工作桌面 60 cm 高处；

（3）接种前开启时间：30 ～ 45 min。

为了避免紫外线灭菌后的光复活作用，可以把门窗用黑布遮盖，布置成暗室，以提高灭菌效果。

九、土法生产中的污染问题及防治方法

土法生产钾细菌肥经常遇到杂菌污染，使菌肥含菌量下降，甚至生产中断。必须严格注意，认真对待。

（一）土法生产中的污染情况

1.斜面菌种

因斜面培养采用无氮培养基，通常情况下，在不同的培养基中会呈现出不同的状态。

（1）在制成斜面后和接种培养前期

污染的主要微生物种类是自生固氮菌，在培养基里面或表面有乳白色的、长椭圆形的菌落。在表面时呈圆形并伴有半透明浑浊状凸起菌苔。

（2）在培养后期

有根霉、毛霉、青霉等其他霉菌污染，而青霉是最多的。

在浸渍有培养基的试管棉塞底部，往往也有青霉等污染。用浓度较大的甲醛溶液喷雾灭菌，且喷雾、熏蒸不久就放入斜面，往往发生菌苔只生长于试管底部一小截，上面大半部分不形成菌苔，甚至根本不生长钾细菌，接其他微生物时也有这种现象。

2.液体菌剂

污染时通常会出现以下现象。

（1）产生气泡，飘浮于液面；

（2）产生乳白色或灰白色菌膜。

无氮液体培养液，菌体不与底部碳酸钙胶结成难以分散的菌胶团，一晃动即浑浊。淀粉铵培养液不呈黏稠、半透明状，仍为透明稀液，有极少量沉淀。

产生污染的杂菌种类，在无氮液体培养基中，前期以能自身固氮生活的固氮菌为主，后期也有青霉等种类；在淀粉铵培养液中，各种细菌、酵母菌、青霉、曲霉较多。

3. 固体菌剂

在固体培养基上产生污染时，通常情况下，会出现以下现象。

（1）伴有酸臭味；

（2）伴有腐败味；

（3）伴有酒味。

污染的杂菌种类，主要有以下几种。

（1）各种细菌；

（2）放线菌；

（3）酵母菌；

（4）霉菌等。

在湿度大时，霉菌中以根霉、毛霉为主；在湿度较小时，以黄曲霉、黑曲霉为主。青霉在各种情况下均易污染，特别是在棉塞、棉垫上较易生长。

（二）污染的主要原因

产生杂菌污染的原因非常多，主要表现在以下几个方面。

（1）菌种不纯，本身已被污染，在挑选菌种时未被发现而选用。这种情况通常是小量的。

（2）培养基未彻底灭菌，且接种量非常小，杂菌繁殖迅速，从而抑制了钾细菌的正常繁殖。通常情况下，是以一次灭菌容量为范围的污染。

（3）无菌操作不严格，如出现以下情况。

①在搬送培养基时不慎带入杂菌；

②在进行接种操作时，火焰封口不够严实；

③拔取棉塞用力过猛，冷空气窜进管口或管口带入杂菌；

④将拔取的棉塞随便丢在桌面，沾染桌面杂菌。

（4）工作环境灭菌不彻底，操作人员的手部、衣服消毒不净等引起。

（5）发酵条件如温度、湿度、空气控制得不够好，不利于钾细菌的繁殖生长，未能使钾细菌的生长迅速占据优势。

（三）污染的防范措施

针对污染的情况，要分析污染的原因，从而采取相应措施。具体的操作主要有以下几种。

（1）注重挑选纯菌种，宁可少接种而决不将污染的菌种当作种子使用；

（2）灭菌时一定要按要求进行，装料时要注意有利于蒸汽的通透；

（3）工作环境内灭菌可以采用不同药物交替消毒灭菌的方法，以提高灭菌效果；

（4）无菌操作需严格，棉塞应正确使用；

（5）棉垫不能太薄，接种时动作要做到稳、轻、快、准，切忌急、躁、重、慢；

（6）适当加大接种量，使钾细菌能够迅速生长增殖，先入为主，占据绝对优势；

（7）工作人员的手部、衣服等要经常消毒、灭菌；

（8）严格控制好温、湿、气等因素，以利于钾细菌生长。

第三节　纯化分离、复壮钾细菌菌种及储存

一、菌种的纯化分离、复壮

在生产和研究工作中，往往会碰到由于某个环节灭菌不彻底或无菌操作不严格，进而出现斜面菌苔生长缓慢或混有其他杂菌等现象，说明菌种已表现出生活力不强或有杂菌污染。

为了保证工作能够顺利开展，必须进行纯化分离和复壮，以得到纯净的、生活力强、质量高的钾细菌菌株。

纯化分离通常有划线分离法和平板稀释法两种。

（一）划线分离法

在强烈的火焰旁，用接种针从液体、斜面菌种或固体的培养基中，挑取少量的菌苔，在平板培养基或斜面培养基上划"之"字形，需注意以下两点。

（1）线条不重叠；

（2）使其在培养基上逐渐分散成单个菌体。

划线分离纯化示意如图11-14所示。

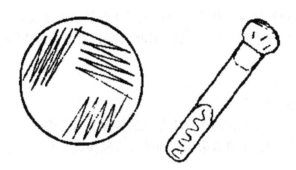

图11-14　划线分离纯化的示意

将其放在26～30℃的环境下培养，再挑取理想菌落移接到另外的斜面培养基上，观察生长情况，重复操作几次。

（二）平板稀释法

按照测定含菌量的平板稀释法制取平板，经培养后挑取具有以下特征的钾细菌菌落。

（1）纯净；

（2）生长速度快；

（3）具有典型形态特征。

将其移接于无氮斜面培养基上，观察在斜面培养基上的生长情况，重复操作几次。

（三）菌种复壮

钾细菌本来是从土壤中分离得到的，长期在人工合成培养基上培养，一般会在某些特性上，如对于无效钾、无效磷的矿化，对于环境条件的适应能力等方面出现退化，因此需要做好钾细菌的复壮工作。

复壮工作具体步骤如下。

（1）把钾细菌接种到自然土壤里或灭菌土壤里；

（2）经一段时间的培养，再从土壤中用平板稀释法或划线分离法进行分离纯化，即可得到复壮的钾细菌菌种。

二、菌种的储存

钾细菌菌种的储存，在生产和研究工作中都非常重要。通常出现以下 3 种情况，会影响菌肥的生产、研究工作的开展，甚至会造成停顿。

（1）保藏不善；

（2）污染杂菌；

（3）造成菌种死亡。

根据硅酸盐形态的钾细菌产生芽孢的特性，通常情况下，可以用矿油保藏和冰冻干燥保藏，也可以采用斜面菌种低温保藏或制成沙土管菌种的方法保藏。

（一）斜面菌种低温保藏

斜面菌种低温保藏的步骤如下。

（1）先用钾细菌最适宜生长的培养基，如硅酸盐形态的钾细菌可用无氮培养基，进行斜面培养。

（2）培养好后，挑选菌苔生长丰满而无杂菌污染的菌种管放入冰箱低温保存。

（3）菌苔不宜太多，太多了易滞留于管壁上；也不宜太少，太少了后续转接量太少。

（4）在冰箱中保存的温度不宜太低，须防止培养基结冰。培养基结冰后容易造成菌种死亡，通常情况下，温度控制在 5 ～ 8 ℃。

（5）在冰箱中可保存 3 ～ 4 个月，需勤检查，按时移接，使菌种保持较好的活力。

（6）如果没有冰箱，也可用灭菌牛皮纸包好菌种管，再放入灭菌塑料袋中包扎好，放置阴凉干燥处保存。

（7）避免高温潮湿。

（8）在室温下，需防止培养基干燥，也可保存一至数月。

（二）沙土管菌种保藏

为了便于保藏和携带，减少污染，可以通过沙土管进行保藏。

沙土管菌种的制作方法步骤如下。

（1）取若干细黄沙，过 60 目筛。用 1 N 盐酸溶液（比重 1.19 的浓盐酸 82 mL，稀释至 1000 mL）浸泡 1 h，将酸水倒去，用清水反复冲洗，直到水液的 pH 值呈中性，才可以停止。

（2）晒干或烘干砂子，分装于指形管，装入规格如下。

① 10 mm×100 mm 指形管：装 1～1.2 g；

② 12 mm×100 mm 指形管：装约 1.5 g，塞上棉塞。

在 2 kg/cm^2 高压下间歇灭菌 2～3 次，再放入烘箱里，在 105 ℃下烘干水分，或者直接放入干燥箱内，150～160 ℃温度下干热灭菌 3 h，间歇 2 次。

（3）冷却后需要抽样检验有无杂菌存在，方法如下。

①每 10～20 支抽砂管样 1 支，用无菌操作方法，将沙土倒入盛有培养细菌用的灭菌牛肉膏蛋白胨液体培养基大试管中，在 37 ℃下培养 2 天，观察培养基，如果在不摇动的情况下保持澄清透明，就证明确实没有杂菌。

②如发现培养基出现浑浊或培养基液面出现菌膜、泡沫，说明有杂菌，沙土管灭菌不彻底。

如果检验的结果为有杂菌，一定要将沙土管重新灭菌后再作试验，合格后方可接种，从而保证沙土管质量。

（4）选择新培养好的、菌苔丰满的优良斜面菌种，如图 11-15 所示。

（5）将沙土管内水分抽干后，可再抽样检验。将砂管中砂子菌种移接到钾细菌无氨氮斜面培养基上，观察其生长情况和是否污染杂菌。如有污染，则不能用此沙土管菌种。

（6）如无杂菌污染，可以用固体石蜡熔融后将口封住，贴上以下数据，以备检查：

①标签；

②说明菌种号；

③制作日期；

④制作人姓名等。

2.塞好棉塞，立即放入带活塞并盛有新鲜氯化钙的干燥器内，用真空泵抽气，在减压的情况下抽去沙土管中的水分

4.水分抽干的标准是将沙土管在桌上轻轻敲动，如沙土管内砂子均已散开，说明已抽干。如仍胶结成大块，说明尚未抽干，应继续抽

1.按无菌操作要求严格注意，把菌苔接入沙土管内的砂子中，让大部分砂子被菌丝胶结起

3.抽干水分的时间不能太短，以利于钾细菌在此不利条件下形成芽孢

图 11-15　选择新培养好的菌苔丰满的优良斜面菌种

（7）制作好的沙管菌种可放在干燥器内或盛有生石灰的有盖缸内或广口瓶内，密闭保存在阴凉处。一般可保存 1 年以上。

供检验沙土管灭菌彻底与否试验采用牛肉膏蛋白胨培养基，其成分如下。

①蛋白胨：10 g；

②牛肉膏：8 g；

③洁净水：1000 mL；

④氯化钠（NaCl）：0.5 g；

⑤ pH = 7.0。

移接由沙土管或低温保藏的钾细菌菌种时，应采用保藏前的同一培养基，避免因保藏前后培养基不同而影响移接效果。

为了尽量减少移代过程中杂菌污染的机会，可使用微生物移代方法。微生物移代方法示意如图 11-16 所示。

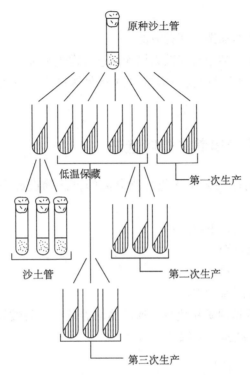

图 11-16　微生物移代方法示意

第四节　筛选钾细菌新菌种

随着农业生产应用研究及科学实验的不断发展，对钾细菌转化无效钾为有效钾的能力提出了更高要求。

当前，使用较广的钾细菌菌株的矿化能力不是很好，特别是在有效钾含量较高的土壤中，施用该菌肥效果不太稳定。

因此，一定要筛选寻找比目前常用菌株转化钾、磷能力更强的新菌株，其目的在于以下几个方面。

（1）更好地利用钾矿资源和土壤中的无效钾，增加作物能量；

（2）吸收利用钾素，满足钾细菌肥的生产和使用向深度和广度发展的需要。

钾细菌新菌株的筛选有两种方法。

（1）采集土样，利用营养缺素培养法进行常规筛选；

（2）利用化学因素和物理因素对现有菌株进行诱变处理，定向培育新菌株。

一、营养缺素培养常规筛选法

以前，通常沿用阿须贝无氮琼脂分离的方法筛选硅酸盐形态的钾细菌菌种。

我们根据钾细菌以下特点：

（1）能矿化无效钾；

（2）能矿化无效磷；

（3）具有微弱固氮能力。

采用以磷矿粉和钾矿粉代替无氮液体培养基中的磷酸氢二钾，作为唯一钾源和磷源的营养缺素培养筛选法。

（一）具体配方

（1）硫酸镁（$MgSO_4$）：0.2 g ；

（2）蔗糖：5.0 g ；

（3）硫酸钙（$CaSO_4$）：0.1 g ；

（4）氯化钠（NaCl）：0.2 g ；

（5）碳酸钙（$CaCO_3$）：5.0 g ；

（6）钾矿粉、磷矿粉（用 0.1 N 盐酸浸泡后反复冲洗）：各 0.5 g ；

（7）洁净水：1000 mL ；

（8）自然酸碱度。

（二）采样方法

硅酸盐细菌可以分解原始的仅由硅酸盐和铝硅酸盐组成的地壳中的最早生物，它在以下环境中生长繁殖得相对较多。

（1）钾矿石分化区；

（2）花岗岩矿区分化壳；

（3）由此发育的土壤和作物根际。

为了增加工作的有效性，在各种作物根际根表周边地区的土壤取样较为适宜。

（三）筛选方法

将缺素培养液灭菌后，用无菌操作法取少量土样并加入培养液，土样可以先加少量水，放在 30 ～ 32 ℃下进行加富培养。经过几天，培养液中逐渐形成悬浮的菌胶团。把菌胶团用无菌操作的方法转接到上述筛选培养液加琼脂的斜面上，连续多次转接纯化。

采用该方法可以得到非硅酸盐形态的 1 号、2 号菌株和硅酸盐形态的 $2_{(1)}$、F_{11} 等菌株。

（四）选择培养基

在初筛获得新菌株之后，找出新菌株最适宜的培养基，如 1 号、2 号菌株，可以选择 5 种不同的培养基进行接种，并观察其生长情况。5 种培养基如下。

（1）淀粉培养基；

（2）无氮培养基；

（3）牛肉膏蛋白胨培养基；

（4）取 0.5 g 被盐酸浸泡、冲洗过的磷矿粉，再取 0.5 g 被盐酸浸泡、冲洗过的钾矿粉，加入去磷酸二氢钾的无氮培养基中；

（5）取 0.1% 的硫酸铵加入无氮培养基中。

在培养过程中，通过观察可以得到如下结论。

（1）在 1 号淀粉培养基和 5 号培养基上，1 号、2 号菌株生长速度快，菌苔较厚；

（2）在 3 号牛肉膏蛋白胨培养基上生长得也好；

（3）在 2 号无氮培养基和 4 号培养基上虽然能生长，但生长状况并不理想。

因此，我们认为 1 号及 2 号菌株是好气需氮细菌。在 1500 倍显微镜下用亚甲蓝染色分别观察 1 号和 2 号菌株后发现：

（1）1 号菌株为椭圆形细菌；

（2）2 号菌株为短杆状细菌。

（五）确定是否为芽孢细菌

为了确定其是否为芽孢细菌，可以采用两种方法。

（1）可以使用孔雀绿—复红染色液染色，并在显微镜下进行检查；

（2）可以根据芽孢比营养体更耐高温的特点，用淀粉液体培养基灭菌后进行接种，接种步骤如下。

①放在 30 ～ 32 ℃下培养 4 天；

②再放入 78 ℃的温度下培养 2 h；

③然后再置 30 ～ 32 ℃下恒温培养 4 天，观察其生长情况；

④作稀释平板和转接于斜面培养基；

⑤再放在 30 ～ 32 ℃下恒温培养。

通过观察可知，78 ℃高温处理前后，在液体中的生长情况大致一致，在斜面及平板培养基上仍能生长，并形成菌苔和菌落。

因此，初步认为 1 号、2 号菌株均能产生芽孢的细菌。

（六）淀粉培养基

确定其是否为芽孢细菌，所采用的淀粉培养基，成分如下。

（1）硫酸镁（$MgSO_4$）: 0.5 g；

（2）氯化钠（NaCl）: 0.5 g；

（3）可溶性淀粉: 20 g；

（4）硝酸钠（$NaNO_3$）: 0.1 g；

（5）硫酸亚铁（$FeSO_4 \cdot 7H_2O$）: 5.0 g；

（6）钾矿粉、磷矿粉: 各 5 g；

（7）洁净水: 1000 mL；

（七）测定菌株解磷钾能力

1. 室内测定解钾能力

测定 1 号和 2 号菌株解磷解钾能力，两次采用上述淀粉液体培养液进行接种培养 8 ～ 12 天，与常用的 1.153 菌株进行对比。

分别用钼蓝比色法和亚硝酸钴钠法测定速效磷和速效钾，两次测定结果趋势一致。在解磷方面比 1.153 菌株弱，在解钾方面比 1.153 菌株强。

2. 田间观察鉴定解钾能力

通过鉴定，判断其对作物的经济性状及产量的影响，是决定新菌株是留还是弃的最关键表现因素。

我们将 1 号、2 号菌株与 1974 年早稻和 1975 年晚稻进行田间鉴定得出的数据进行比较，如表 11-7 所示。

表 11-7　1、2 号菌株与 1.153 菌株比较

比较因素	1 号菌株	2 号菌株	1.153 菌株
成穗率	表现稍好		表现稍差
穗长	表现稍好		表现稍差
每穗总粒数	表现稍好		表现稍差
产量	增产量 = 1.153 产量 ×（1+5.24%）	增产量 = 1.153 产量 ×（1+3.2%）	产量少

（八）生理生化方面的特点

用营养缺素法筛选获得菌株后，经过室内解钾解磷功能的测定及田间效果的鉴定试验，都比较理想，可以进一步再观察生理生化方面的特点。

1. 明胶水解试验

做明胶水解试验，看其是否能液化。

2. 利用明胶，做石蕊牛乳鉴定试验

做石蕊牛乳鉴定，主要鉴定以下几个方面。

（1）看其是否能陈化；

（2）利用牛乳的过程中是否产酸。

3. 做乙酰甲基甲醇反应

做乙酰甲基甲醇反应，看其是否能利用葡萄糖。

4. 做分解蛋白质、产硫化氢的常规鉴定

看其对蛋白质分解利用和产生硫化氢的强弱。

5. 做水解淀粉的检验

看其是否能水解利用淀粉及其水解利用淀粉的强弱。

6. 做硝酸盐还原的检验

看其是否具有把硝酸盐还原为氮和氨的能力等。

通过以上检验，可以从各个方面了解和掌握获得菌株的特征及特性，从而正确地使用菌株，使其能充分发挥增产潜力，为农业生产服务。

二、紫外线诱变育种法

利用化学因素及物理因素对钾细菌现有菌株进行诱变育种，具有以下优点。

（1）简便易行；

（2）速度快；

（3）收效高。

采用 220 V、30 W 紫外光灯对钾细菌 1.153 菌株进行诱变育种，可以取得一些效果。具体的做法可分为两步。

（一）诱变处理

诱变处理的步骤如下。

（1）将钾细菌 1.153 菌株移接在灭菌的无氮斜面培养基上。

（2）在 26 ~ 30 ℃下培养 1 ~ 2 天。

（3）观察状态，待斜面上形成突起，突起具有以下特征。

①无色、透明；

②挑动能拉成菌丝。

具备以上特征，就形成了胶胨菌苔。

（4）采用无菌操作的方法，将菌苔挑入灭菌过的 0.85%/0.9% 氯化钠溶液中，并加入碎瓷片或约 20 颗玻璃珠。

（5）充分振荡半小时左右，分散菌体，制成菌悬液。

在黑暗的室内将紫外光灯打开，预热约 20 min，使紫外光线具有稳定的 2537 Å 左右的作用光谱。

预热之后，进行相关操作，如图 11-17 所示。

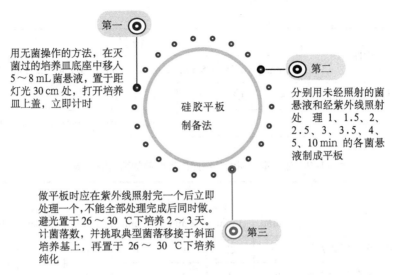

第一

用无菌操作的方法，在灭菌过的培养皿底座中移入 5～8 mL 菌悬液，置于距灯光 30 cm 处，打开培养皿上盖，立即计时

硅胶平板
制备法

第二

分别用未经照射的菌悬液和经紫外线照射处理 1、1.5、2、2.5、3、3.5、4、5、10 min 的各菌悬液制成平板

做平板时应在紫外线照射完一个后立即处理一个，不能全部处理完成后同时做。避光置于 26～30 ℃下培养 2～3 天。计菌落数，并挑取典型菌落移接于斜面培养基上，再置于 26～30 ℃下培养纯化

第三

图 11-17　预热后的操作

必须在暗室中完成所有操作，照射的时间最好是单独整段的时间。致死率如下。

（1）照射时间：1 min；致死率：90%。

（2）照射时间：1.5 min；致死率：98%。

（3）照射时间：2 min；致死率：100%。

如果不是在暗室或用累积时间照射，就会因为光复活作用而影响菌体致死率。

在暗室及非暗室中用紫外线照射钾细菌的菌落数及致死率如表 11-8 和表 11-9 所示。

表 11-8　暗室中用紫外线照射钾细菌的菌落数及致死率

指标	照射时长							
	0 min	1 min	1.5 min	2 min	2.5 min	3 min	3.5 min	4 min
重复第一次菌落数 / 个	25	3	1	0	0	0	0	0
重复第二次菌落数 / 个	36	4	1	0	0	0	0	0
重复第三次菌落数 / 个	31	3	0	0	0	0	0	0

指标	照射时长							
	0 min	1 min	1.5 min	2 min	2.5 min	3 min	3.5 min	4 min
平均菌落数 / 个	31	3.3	0.7	0	0	0	0	0
致死率		90%	98%	100%	100%	100%	100%	100%

表 11-9　非暗室中用紫外线照射钾细菌的菌落数及致死率

指标	照射时长						
	0 min	1 min	2 min	3 min	4 min	5 min	10 min
重复第一次菌落数 / 个	20	20	0	0	1	0	0
重复第二次菌落数 / 个	26	4	1	0	3	0	0
平均菌落数 / 个	23	12	0.5	0	2	0	0
致死率		47.8%	98.0%	100%	91.3%	100%	100%

（二）筛选过程

把经过紫外线照射处理后从平板中挑取的菌落移接于斜面培养基，放在 26～30 ℃下培养 2～3 天后，分别接入灭菌过的营养缺素筛选液体培养基中，置 26～30 ℃下培养。

1. 缺素筛选液体培养基成分如下。

（1）硫酸镁（$MgSO_4$）: 0.02 g ;

（2）蔗糖: 1.5 g ;

（3）氯化钠（NaCl）: 0.02 g ;

（4）酸洗钾矿粉: 0.2 g ;

（5）酸洗磷矿粉: 0.2 g ;

（6）硫酸钙（$CaSO_4 \cdot 2H_2O$）: 0.01 g ;

（7）蒸馏水: 100 mL。

2. 紫外线照射钾细菌可见光的影响

可以分为两种，如图 11-18 所示。

（1）可见光下照射，如图 11-18a 所示。

（2）暗室中照射，如图 11-18b 所示。

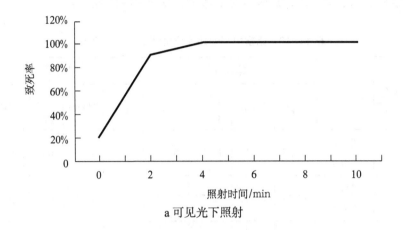

a 可见光下照射

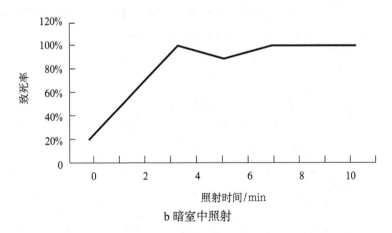

b 暗室中照射

图 11-18　可见光下照射与暗室中照射的致死率

3. 紫外线照射对钾细菌解磷解钾的影响

在接种 10 天之后，将所培养的各待筛选菌株以 1.1 kg/cm² 高压蒸汽进行杀菌。杀菌一定要彻底，即摇动的时候底部菌胶团散开形成浑浊，否则结果就难以确保准确。

静置 2～3 天后，待死亡的钾细菌菌体中的钾游离入液体中，再定容于 100 mL 容量瓶中，同时做不接入任何菌株的纯缺素培养液作对照。

在 72 型分光光度计上，用 pH 值为 1.2～4 的酸还原钼蓝比色法测定速效磷，用亚硝酸钴钠比浊法测定水溶性钾。

紫外线照射对钾细菌解磷解钾的影响，如表 11-10 所示。

表 11-10　暗室中用紫外线照射钾细菌的致死率

菌株编号	处理	水溶性钾				速效磷			
		1/ppm	2/ppm	平均/ppm	提高	1/ppm	2/ppm	平均/ppm	提高
1	照射 4 min	13.25	13.25	13.25	24.7%	0.92	0.76	0.84	200.0%
2	照射 4 min	14.75	22.00	18.375	72.9%	0.60	0.72	0.66	144.4%
3	照射 1 min	15.8	10.75	13.275	24.9%	1.96	2.12	2.04	655.5%
4	照射 1 min	21.5	21.5	21.5	101.8%	0.16	1.36	0.76	181.5%
5	照射 1 min	12.5	—	12.5	17.6%	0.44	—	0.44	59.2%
6	照射 1.5 min	13.75	10.5	11.875	11.7%	1.16	0.16	0.66	144.4%
7	照射 1.5 min	10.75	11.75	11.25	5.8%	1.28	1.32	1.3	381.5%
对照（1）	不经照射	9.25	12.0	10.625		0.02	0.52	0.27	
对照（2）	纯培养基 不接菌种	9.00	9.00	9.00		0	0	0	

第五节 钾细菌肥的增产效果及缘由

一、钾细菌肥的增产效果

（一）钾细菌肥对水稻的肥效作用

根据相关的试验，可以得出以下结论。

1. 在早稻上试验 33 次，未出现减产现象

（1）每亩用钾细菌肥 = 每亩不用钾细菌肥 +24.965 kg；

（2）每亩用钾细菌肥增产率 = 每亩不用钾细菌肥增产率 ×（1+7.667%）；

（3）每亩用钾细菌肥最高增产率 = 每亩不用钾细菌肥增产率 ×（1+19.3%）；

（4）每亩用钾细菌肥最低增产率 = 每亩不用钾细菌肥增产率 ×（1+0.2%）。

2. 在晚稻上试验 62 次，出现 4 例减产现象

（1）减产率：0.8% ～ 1.9%；

（2）每亩用钾细菌肥 = 每亩不用钾细菌肥 +27.45 kg；

（3）每亩用钾细菌肥增产率 = 每亩不用钾细菌肥增产率 ×（1+10.92%）；

（4）每亩用钾细菌肥最高增产率 = 每亩不用钾细菌肥增产率 ×（1+37.8%）。

3. 早、晚稻上试验 95 例，出现 4 例减产现象

（1）减产比例 = 总数 ×4.21%；

（2）增产 0 ～ 5% = 总数 ×28.42%；

（3）增产 5% ～ 10% = 总数 ×24.21%；

（4）增产 10% ～ 20% = 总数 ×36.84%；

（5）增产大于 20% = 总数 ×7.37%。

（二）钾细菌肥在其他作物上的增产效果

1. 在大麦、小麦上试验 4 次，未出现减产现象

（1）每亩用钾细菌肥 = 每亩不用钾细菌肥 +19.875 kg；

（2）每亩用钾细菌肥增产率 = 每亩不用钾细菌肥增产率 ×（1+28.9%）；

（3）每亩用钾细菌肥最高增产率 = 每亩不用钾细菌肥增产率 × （1+39.2%）。

2. 在油菜上试验 4 次，未出现减产现象

（1）每亩用钾细菌肥 = 每亩不用钾细菌肥 +12.2 kg；

（2）每亩用钾细菌肥最高增产率 = 每亩不用钾细菌肥增产率 × （1+33.8%）；

（3）每亩用钾细菌肥平均增产率 = 每亩不用钾细菌肥增产率 × （1+16.1%）。

3. 在棉花上试验 1 次，未出现减产现象

（1）每亩用钾细菌肥 = 每亩不用钾细菌肥 + 9.2 kg；

（2）每亩用钾细菌肥增产率 = 每亩不用钾细菌肥增产率 × （1+17.0%）。

4. 在红薯上试验 17 次，出现 2 例减产现象，15 例增产现象

（1）减产比例 = 总数 ×11.76%；

（2）增产比例 = 总数 ×88.24%；

（3）每亩用钾细菌肥 = 每亩不用钾细菌肥 +291 kg；

（4）每亩用钾细菌肥最高增产率 = 每亩不用钾细菌肥增产率 × （1+11.15%）；

（5）每亩用钾细菌肥最高增产率 = 每亩不用钾细菌肥增产率 × （1+ 42.4%）。

5. 在马铃薯上试验 1 次，未出现减产现象

（1）每亩用钾细菌肥 = 每亩不用钾细菌肥 + 201.65 kg；

（2）每亩用钾细菌肥增产率 = 每亩不用钾细菌肥增产率 × （1+16.42%）。

二、钾细菌肥增产原因

（一）速效钾增加

通过大量试验进行分析，施用钾细菌肥后，土壤中钾细菌菌数增加。在早稻施用钾细菌肥 2.5 kg，经 38 天后取田间试验土样，用平板稀释法测定钾细菌菌数。

（1）接菌区 = 10.5 万个 / 1 g 土；

（2）对照区 = 5.5 万个 / 1 g 土；

（3）接菌区 ≈ 对照区（1+1）。

土壤中钾细菌数量增多，因其生命活动，土壤中速效钾、磷的含量有所

提高。施用钾细菌肥对土壤速效磷、钾的影响如表 11-11 所示。

表 11-11　施用钾细菌肥对土壤速效磷、钾的影响

单位: ppm

处理		代换钾		有效磷
		第一天测定	隔 19 天测定	隔 35 天测定
田间试验土壤	施用钾细菌肥	29	20	14
1973 年晚稻	不施用钾细菌肥	21	16	11

施用钾细菌肥有利于土壤中其他有益微生物的大量繁殖与活动，土壤微生物的总数增加，土壤肥力得到提高。

因土壤中速效钾含量增加，植株中吸收的钾也相应增加，从而达到增产的目的。取晚稻施用钾细菌肥的植株和不施用的对照植株，步骤如下。

（1）取相同部位的茎秆；

（2）用蒸馏水浸泡 2 天；

（3）用亚硝酸钴钠比浊法测定其含钾量，发现晚稻茎秆中含钾量与其产量成正相关关系。

施用钾细菌肥对水稻茎秆中含钾量和产量的关系如表 11-12 所示。

表 11-12　施用钾细菌肥对水稻茎秆中含钾量和产量的关系

处理	植株含钾量（干物质）		稻谷产量	
	含量 /ppm	增长率	产量 /（kg/ 亩）	增长率
不施用钾细菌肥	21 210		298.95	
施用钾细菌肥	25 230	18.95%	337.5	12.9%

（二）硅含量增加

钾细菌分解土壤中铝硅酸盐，使土壤中水溶性硅酸含量增加，而水稻、麦子是含硅酸较高的作物，需硅较多。在晚稻施用钾细菌肥的试验中，取植株进行分析，得到以下结论。

（1）施用钾细菌肥的植株粗硅含量 = 9.95%；

（2）未施用钾细菌肥的植株粗硅含量 = 7.76%。

（三）抗病力增强

作物的抗病力增强。施用钾细菌肥后，土壤中由于钾细菌的增殖活动，从各个方面对作物营养条件都进行了改善，尤其是磷、钾、硅等元素，均有利于增强抗病能力及作物生长健壮。

如果早稻大面积发生黄叶早衰现象，钾细菌肥的用量就会有所减轻。

黄叶率：

（1）不施钾细菌肥黄叶率 = 10%；

（2）每亩施钾细菌肥 1.5 kg 黄叶率 = 80.5%；

（3）每亩施钾细菌肥 2.5 kg 黄叶率 = 73.9%。

成熟时叶色较好、黄叶非常少。不施钾细菌肥肥区小球菌核病及植株纹枯病的感染率比施用钾细菌肥区要多，不同品种表现趋势一致样。

施用钾细菌肥对晚稻感病率的影响如表 11–13 所示。

表 11–13　施用钾细菌肥对晚稻感病率的影响

试验品种	倒种春		农虎		农垦 58	
试验处理	施	不施	施	不施	施	不施
小球菌核病株率	0	21.2%	2.10%	3.10%	0.02%	10.4%
纹枯病株率	8.0%	17.0%	12.8%	20.9%	6.8%	11.7%

小麦施用钾细菌肥后具有减轻赤霉病及锈病的作用。

（1）施用钾细菌肥的小麦植株感染赤霉病的病株率 = 14.75%；

（2）不施用钾细菌肥的小麦植株感染赤霉病的病株率 = 18.18%。

施用钾细菌肥的作物，在很多方面都能受益，通常情况下，主要有以下表现。

（1）植株增高；

（2）分枝增加；

（3）结实率很高；

（4）籽粒比较充实。

增产的效果也不是一成不变的，有时也会受到以下因素的影响，使得增产效果时大时小。

（1）土壤；

（2）施用方法；

（3）肥料；

（4）其他因素。

第六节　如何把握钾细菌肥的施用量及方式

一、钾细菌肥施用量

在水稻中，使用每亩施用 0.5 kg、1.5 kg、2.5 kg、5 kg 钾细菌肥和不施钾细菌肥作比较试验，可以得出以下结果，与钾细菌肥施用量增加成正相关的关系。

（1）穗粒数增多；

（2）千粒重增加；

（3）空壳率下降；

（4）产量的提高。

钾细菌肥不同施用方法对水稻经济性状及产量的影响，如表 11–14 所示。

表 11–14　钾细菌肥不同施用方法对水稻经济性状及产量的影响

处理	穗长 / cm	株高 / cm	每实粒穗数 / 个	每总粒穗数 / 个	千粒重 / g	空壳率	亩产 /kg	增产量 / （kg/ 亩）	增产率	每千克钾细菌肥增产稻谷 / kg
不施钾细菌肥	16.4	76.0	36.6	44.6	24.1	17.9%	318.5			

处理	穗长 / cm	株高 / cm	每实粒穗数 / 个	每总粒穗数 / 个	千粒重 /g	空壳率	亩产 /kg	增产量 / （kg/ 亩）	增产率	每千克钾细菌肥增产稻谷 / kg
每亩施钾细菌肥 0.5 kg	17.4	76.9	51.7	62.3	24.5	17.0%	359	40.5	12.72%	40.5
每亩施钾细菌肥 1.5 kg	17.2	74.8	51.0	61.3	24.5	16.7%	356.5	38	11.93%	12.65
每亩施钾细菌肥 2.5 kg	16.9	74.8	52.6	62.8	24.7	16.2%	373	54.5	17.10%	10.9
每亩施钾细菌肥 5 kg	17.4	79.4	57.6	66.4	25.0	13.5%	389	61.5	19.30%	6.15

钾细菌肥施用量增加，每千克菌肥增产的稻谷虽然逐渐降低，但总增产量却随施用量增加而提高。土法生产的钾细菌肥成本低廉，可适当增加施用量，同样可以取得更好的经济效益。

如果通过水中施用钾细菌肥，施用量每亩为 10～15 kg。对旱土作物施用钾细菌肥，由于钾细菌的移动性小，且很难施匀，通常情况下要比水田施用量大，每亩施用量为 20～25 kg。

二、钾细菌肥的施用方法

（一）水田

给每亩早稻施用钾细菌肥 5 kg，可以采取以下处理方法。

（1）作面肥施用；

（2）蘸秧根；

（3）一半作面肥，一半于分蘖末期晒田复水前作追肥分期施用；

（4）不施钾细菌肥作对照。

重复两次的结果，从以下几个方面进行判断可知，用作面肥的效果是最好的。

（1）植株增高；

（2）穗子增长；

（3）每穗粒数增多；

（4）谷粒增重和增产。

钾细菌肥不同施用方法对水稻产量的影响如表 11–15 所示。

表 11–15　钾细菌肥不同施用方法对水稻产量的影响

处理	增产量 /（kg/ 亩）	亩产 /kg	增产率
不施用钾细菌肥		318.5	
5 kg 钾细菌肥作面肥	61.5	380	19.3%
5 kg 钾细菌肥作期肥	53	371.5	16.6%
5 kg 钾细菌肥作秧根	49.5	368	15.8%

钾细菌肥一次作面肥施用比分期施用效果好，主要有以下这几个方面的原因。

（1）钾细菌通过其生命活动矿化土壤中无效钾素需要一定的时间；

（2）与水稻前期生长需要较多的钾素营养有关：

水稻前期生长需要钾素 = 整个生育期所需钾素 ×70%。

蘸秧根不如作面肥施用的现象，主要有以下这几个方面的原因。

（1）菌肥蘸秧根使钾细菌附着在根表，有利于钾细菌大量繁殖；

（2）在菌体增殖过程中吸收了部分营养，在一定时期内产生了与作物争肥的现象。

因此，钾细菌肥的施用，应以早期面施最为合适。

（二）旱土

旱土作物施用钾细菌肥，可以采用打穴、开沟的方式，主要有以下3种方式。

（1）和土杂肥拌匀后盖籽肥、作底肥；

（2）兑水或稀入粪泼浇施用；

（3）调成泥浆状后拌种，蘸秧根。

在施用后要覆盖薄土，不能被阳光直射。如果天气较干旱，土壤水分不足，应结合抗旱洒水。

第七节　如何有效施用钾细菌肥

钾细菌是适于中性、喜潮湿的微生物。钾细菌肥是一种生物肥料，需依靠钾细菌的生命活动来发挥其作用。

因此，钾细菌的生长繁殖及对原生态磷、钾的矿化，受到以下几个因素的影响。

（1）土壤类型；

（2）土壤温度；

（3）土壤湿度；

（4）土壤酸碱度；

（5）土壤中氮、磷、钾等植物营养元素对作物的可供应情况。

钾细菌肥对各种作物的增产效果都不一样，对水稻的增产效果也不相同，时高时低，甚至会产生稍微减产的现象。

要想使钾细菌肥能够取得比较理想的增产效果，可以采用以下几项措施。

（1）选用高效能的优良菌株；

（2）严格掌握菌肥生产的各个环节，保证菌肥质量；

（3）采取适宜的施用方法；

（4）清楚了解钾细菌肥的有效施用条件，将其增产作用发挥到最大。

一、土壤含水量对钾细菌生命活动的影响

在土壤中施入钾细菌肥之后，土壤中水分的多少会直接引起以下表现。

（1）钾细菌的生命活动及繁殖生长；

（2）钾细菌活化土壤中潜在磷、钾的能力。

可以做个试验：取湖积物发育的旱土，晒干细粉后拌匀，将其分 0.5 kg 干土至几个烧杯中。可以得到以下数据：土壤绝对含水量＜ 5%，并采取以下方法。

1. 加水调节

土壤绝对含水量 ≈ 24%。

2. 不加水调节

土壤绝对含水量 ≈ 40%。

分别作接种钾细菌和不接种钾细菌处理，一同置于 28 ～ 30 ℃温箱中，经常补充水分，维持各处理方法的含水量要求。

经过 4 个月后测定其含菌量和速效钾含量，不同土壤含水量对钾细菌功能的影响如表 11-16 所示。

表 11-16　不同土壤含水量对钾细菌功能的影响

处理	含菌量 /（×1000 个 /g 干土）	速效钾含量（干土）		
		含量（干土）/ppm	增量 /ppm	提高
干土		48.5		
干土 + 钾细菌	0	49.5	1.0	2.06%
含水 24% 的土		44.02		
含水 24% 的土 + 钾细菌	1.0	55.94	9.92	22.53%
含水 40% 的土		34.16		
含水 40% 的土 + 钾细菌	1.5	42.0	7.84	22.95%

试验测定的结果表明，钾细菌在干土中很难繁殖，多次测定都未检测到，其对于土壤速效钾的影响很小，仅增加 2.02%，钾细菌在土壤含水量 24% 和 40% 的两项处理中，都可以很好地繁殖与生长，含菌量分别为 1.0×1000 个 /g 干土和 1.5×1000 个 /g 干土。因此，对土壤速效钾的影响也比较大，分别增加 22.53% 和 22.95%，其效果相同。

速效钾在含水量较大的处理土壤中较干土为少的原因，可能和土壤中增殖大量的微生物时需要较多的钾素组成菌体有关。

据研究报道，自生固氮菌在田间持水量为 50% ~ 70% 时，生命活动最旺盛，固氮能力最强，而钾细菌的生活条件和自生固氮菌很类似。

因此，施用钾细菌肥时应注意控制土壤水分的含量，尽可能运用灌水等措施，田间持水量维持在 50% ~ 70%，为钾细菌的生命活动创造有利条件，充分发挥钾细菌的功能，更多地释放土壤无效钾、磷为植物利用。

二、土壤酸碱度对钾细菌肥增产效果及影响

通过相关试验，观察不同土壤酸碱度对施用钾细菌肥增产效果的影响。供试验的土壤有以下两种。

（一）黄泥

黄泥 pH = 4.7，设置 3 种情况进行对比试验，每盆施用量 1 g，试验结果表明：黄泥上施用钾细菌肥增产 5.06%。

（二）湖积土

湖积土 pH = 7.7。设置 3 种情况进行对比试验，每盆施用量 1 g，试验结果表明：湖积土上施用钾细菌肥增产 4.66%。

（三）不同土壤酸碱度对钾细菌肥增产效果的影响

不同土壤酸碱度对钾细菌肥增产效果的影响如表 11–17 所示。

表 11-17 不同土壤酸碱度对钾细菌肥增产效果的影响

土壤种类	pH 值	处理	稻谷		
			产量 /（g/ 盆）	增减量 /（g/ 盆）	增长率
湖积土	7.7	不施	66.5		
		施氯化钾	70.5	4.0	6.02%
		施钾细菌肥	69.6	3.1	4.66%
黄泥	4.7	不施	25.7		
		施氯化钾	22.9	−2.8	−10.39%
		施钾细菌肥	27.0	1.3	5.06%

通过试验结果可以看出，钾细菌肥在酸性土壤和中性偏碱土壤上增产效果非常接近。

（1）酸性土壤：pH = 4.7；

（2）中性偏碱土壤：pH = 7.7。

大面积区域施用钾细菌肥均可以获得良好的增产效果，说明土壤酸碱度对发挥钾细菌肥的增产作用没有不利影响。

三、土壤施用石灰不利于钾细菌肥发挥增产效果

（一）施用石灰对钾细菌肥增产效果的影响

在试验中，给各种土壤增加施用石灰，再施用钾细菌肥，结果表明石灰对于钾细菌肥的增产效果有不利影响。

（1）黄泥：

单施用钾细菌肥稻谷产量 = 施用石灰再施钾细菌肥的
稻谷产量 ×（1+30.0%）；

（2）湖积土：

单施用钾细菌肥稻谷产量 = 施用石灰再施钾细菌肥的
稻谷产量 ×（1+16.2%）。

施用石灰对钾细菌肥增产效果的影响如表 11-18 所示。

表 11-18　施用石灰对钾细菌肥增产效果的影响

土壤种类	处理	pH值	稻谷			稻草		
			产量/（g/盆）	增减量/（g/盆）	增长率	产量/（g/盆）	增减量/（g/盆）	增长率
湖积土	施钾细菌肥	7.7	69.6			110.8		
	施石灰＋钾细菌肥	8.4	58.3	−11.3	−16.2%	66.1	−44.7	−40.3%
黄泥	施钾细菌肥	4.7	27.0			37.2		
	施石灰＋钾细菌肥	7.4	18.6	−8.4	−30.0%	36.0	−1.2	−3.2%

产生这种现象的原因主要有以下几点。

（1）在土壤中加入石灰，引起了土壤中交换性钾转向非交换性钾的作用加剧；

（2）阻碍了植物体内锌从根系向茎叶的转移；

（3）阻碍了作物对钾、镁的吸收；

（4）降低了土壤中铝、锰等微量元素；

（5）致使植物营养缺素；

（6）不利于钾细菌、自生固氮菌等微生物在土壤中的增殖。

（二）施用石灰对土壤含菌量的影响

各试验处理的情况说明了石灰的影响。

（1）湖积土：

施用石灰和钾细菌肥处理的分蘖率为197%，单施钾细菌肥处理的分蘖率为363%；

（2）黄泥：

施用石灰和钾细菌肥的处理分蘖率为78%，单施钾细菌肥处理的分蘖率为81%。

因此，在施用钾细菌肥后再施用石灰是不恰当的。施用石灰对土壤含菌量的影响如表11-19所示。

表 11-19 施用石灰对土壤含菌量的影响

处理	固氮菌含量 （×1000 个 /g 土）	钾细菌含量 （×1000 个 /g 土）
湖积土 + 钾细菌肥	258.0	3.0
湖积土 + 石灰 + 钾细菌肥	206.0	2.0
黄泥 + 钾细菌肥	20.0	2.0
湖积土 + 石灰 + 钾细菌肥	13.0	0.5

四、氮素对钾细菌肥的增产效果是有益的

（一）不同速效氮素施用量的影响

钾细菌和其他土壤微生物一样，偏爱以植物根系的分泌物作为其营养来源之一，且植物生长越旺盛，根系分泌物越多，钾细菌增殖越快，生命活动也越旺盛。

因此，在一定范围内，氮素施用量越大，作物生长越好，钾细菌释放的无效钾也就越多，反过来又促进了氮、钾的平衡，为作物对氮素的合理和有效利用创造了条件。

可以在水稻上施氮素 2.5 kg、5 kg、7.5 kg 为基础，再施用钾细菌肥与不施用作对照，进行试验观察。通过试验表明，在几种不同氮素用量的条件下，结合施用钾细菌肥，对增穗、增粒、植株增高均有一定的作用。

在氮素用量较高的情况下，实际有效穗数较多，穗粒也较饱满，产量较高。施用钾细菌肥的增产率，在一定范围内具有随着氮素施用量的提高而提高的趋势，在许多丰产田块施用钾细菌肥仍能获得较好的增产效果。

不同氮素施用对钾细菌肥肥效的影响如表 11-20 所示。

表 11-20 不同氮素施用对钾细菌肥肥效的影响

处理	增产量 /（kg/ 亩）	亩产 /kg	增长率
氮素 2.5 kg		385.8	
氮素 2.5 kg+ 钾细菌肥	15.85	401.65	4.10%

处理	增产量 /（kg/ 亩）	亩产 /kg	增长率
氮素 5 kg		399.15	
氮素 5 kg+ 钾细菌肥	7.9	407.2	1.98%
氮素 7.5 kg		393.75	
氮素 7.5 kg+ 钾细菌肥	20	413.75	5.08%

（二）与固氮菌混合施用有利于增产

（1）钾细菌能分解土壤中难溶性的钾和磷；

（2）固氮菌能固定空气中的游离态氮素；

（3）固氮菌与钾细菌的生命活动和对环境条件的要求大致相同，可使用同一培养基；

（4）固氮菌与钾细菌混合在一起施用，可以为作物提供更全面的营养成分。

对水稻进行试验，得出的结果如下。

（1）每亩单施固氮菌肥的亩产 = 对照 340.35 kg+ 增产 54.95 kg = 395.3 kg；

（2）每亩单施固氮菌肥的亩产增产 = 对照产量 ×（1+16.1%）；

（3）单施钾细菌肥产量 = 对照 340.35 kg+ 增产 58.7 kg = 399.05 kg；

（4）单施钾细菌肥增产量 = 对照产量 ×（1+17.2%）；

（5）钾细菌肥和固氮菌肥的亩产 = 对照 340.35 kg+ 增产 78.1 kg = 418.45 kg；

（6）钾细菌肥和固氮菌肥的增产 = 对照产量 ×（1+22.9%）。

在室内取湖积物发育的水稻土，经晒干粉碎装瓶灭菌后，接固氮菌液 5 mL，接钾细菌液 5 mL，半个月后测定菌数，25 天后测定土壤中速效性氮、磷、钾的含量。固氮菌和钾细菌混合施入土壤后，对于固氮菌的增殖有利；菌数增加，对于土壤速效磷和速效钾也都有增加的趋势。

磷细菌、固氮菌及钾细菌在土壤中混用的效果如表 11-21 所示。

表 11-21　磷细菌、固氮菌及钾细菌在土壤中混用的效果

处理	含菌量（1000 万个 /g 土）		速效磷含量 / ppm	速效氮含量 / ppm	速效钾含量 / ppm
	磷细菌	固氮量			
对照			52.80	69.0	81
接钾细菌			54.08	64.2	93
接钾细菌、固氮菌		6	58.88	69.0	89
接固氮菌		2	52.60	72.6	75
接磷细菌、钾细菌	13		51.04	83.3	100
接磷细菌	10		51.10	93.0	79
接磷细菌、钾细菌、固氮菌	161	5	54.40	63.0	95
接磷细菌、固氮菌	5.5	4.5	58.24	82.2	79

为了满足作物生长对氮素的需要，在生产钾细菌肥的同时，生产自生固氮菌肥，两者混合一起施用，可以提高自生固氮菌肥肥效、钾细菌肥肥效及速效氮素肥效。

五、磷素和钾细菌肥增产效果的关系

（一）与磷矿粉堆沤施用可以提高肥效

磷矿粉中的磷几乎都是以磷酸三钙的形态存在，肥效发挥得并不快，直接施用基本没有明显的效果。

通过试验证明，钾矿粉、磷矿粉及钾细菌肥在堆沤后进行施用，能够更好地发挥钾矿粉与磷矿粉的增产作用：

（1）钾矿粉、磷矿粉及钾细菌肥一起堆制施用的亩产 = 对照 350.9 kg+99.4 kg = 450.3 kg；

（2）钾矿粉、磷矿粉及钾细菌肥一起堆制施用的增产 = 对照 ×（1+28.5%）；

（3）磷矿粉、钾矿粉堆沤施用的亩产 = 对照 350.9 kg+55.9 kg = 406.8 kg；

（4）磷矿粉、钾矿粉堆沤施用的增产 = 对照 ×（1+15.9%）。

在堆肥中加入磷矿粉、钾矿粉及钾细菌肥堆沤施用，堆肥和钾矿粉、磷矿粉为钾细菌的增殖提供了良好的环境条件及营养条件，钾细菌的活动又促进了难溶性磷、钾和堆肥的分解，具有明显的增产效果。

因此，提倡在堆肥、土杂肥中加入钾矿粉、磷矿粉及钾细菌肥堆沤后施用。

（二）钾细菌与磷细菌的关系

当磷细菌与钾细菌共同施入土壤之后，对比结果可以看出：

（1）接入的钾细菌，对磷细菌的增殖产生有利影响，使得菌体个数增加；

（2）土壤速效磷和速效氮有减少趋势；

（3）土壤速效钾有增加趋势；

（4）土壤中磷素、氮素充足，当钾素匮乏时，磷细菌肥与钾细菌肥同时施用，对增加土壤速效钾素非常有利。

六、钾素对钾细菌肥增产效果的影响

（一）土壤速效钾素量的多少与钾细菌肥的增产效果成反相关

在湖积物形成的壤质土壤中，对晚稻以不施和亩施氯化钾 2.5 kg、5 kg、7.5 kg、10 kg、12.5 kg 为基础，再分别每亩施钾细菌肥 5 kg 与不施钾细菌肥进行比较，得出如下结果。

（1）施钾细菌肥、未施氯化钾的增产率 = 12.2%；

（2）亩施 2.5～10 kg 氯化钾，施用钾细菌肥的增产率随着速效钾用量的加大而降低；

（3）亩施 12.5 kg 氯化钾，满足作物钾素营养后，再施用钾细菌肥效果微乎其微。

这意味着速效钾素的施用量和钾细菌肥的增产率成反比的关系。在速效钾不同施用量的基础上再施用钾细菌肥的效果，如表 11–22 所示。

表 11-22 速效钾不同施用量的基础上再施用钾细菌肥的效果

氯化钾施用量 /（kg/ 亩）	处理	增产量 /（kg/ 亩）	每亩产量 /kg	增长率
0	施	41.9	385.05	12.2%
	不施		318.15	
2.5	施	20.15	381.95	5.57%
	不施		361.8	
5	施	19.1	397.5	5.05%
	不施		378.4	
7.5	施	17.4	403.25	4.5%
	不施		385.85	
10	施	14.3	416.9	3.55%
	不施		402.6	
12.5	施	1.55	409.15	0.38%
	不施		407.6	

同时在室内取土，按田间试验的方法，在施用不同量氯化钾的基础上，再接种钾细菌，在室温下培养 38 天，再测定速效钾含量。

通过结果可以得出如下结论：钾细菌对土壤中无效钾的矿化能力，会随着速效钾施用量的提高而逐渐下降。

速效钾的不同用量和钾细菌对土壤中无效钾的矿化能力的影响如表 11-23 所示。

表 11-23 速效钾不同用量与钾细菌对土壤中无效钾的矿化能力之间的关系

氯化钾施用量 /（kg/ 亩）	接钾细菌土壤速效钾含量 /ppm	不接钾细菌土壤速效钾含量 /ppm	土壤速效钾增量 /ppm	土壤速效钾增率
0	74.0	33.2	40.8	122.80%
2.5	80.0	41.2	38.8	94.17%
5	90.0	57.2	32.8	57.34%

续表

氯化钾施用量 /（kg/ 亩）	接钾细菌土壤速效钾含量 /ppm	不接钾细菌土壤速效钾含量 /ppm	土壤速效钾增量 /ppm	土壤速效钾增率
7.5	100.0	70.8	29.2	41.24%
10	104.0	102.8	1.2	1.16%
12.5	110.0	106.8	3.2	2.99%

在施用不同量速效钾基础上施用钾细菌肥的效果如图 11-19 所示。

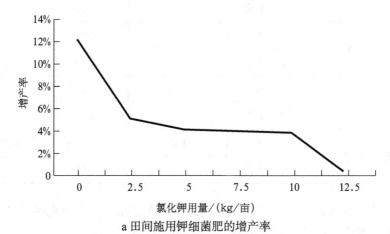

a 田间施用钾细菌肥的增产率

b 室内钾细菌肥提高土壤速效钾比率

图 11-19　在施用不同量速效钾基础上施用钾细菌肥的效果

通过试验可以得出下列结论，土壤可供作物利用的钾素的多少，影响钾细菌对土壤中无效钾转化为有效钾的能力，影响钾细菌肥的增产效果或效果有多大。

当植物吸收了土壤里可供态的矿质营养元素，而没有大量可供态的钾、磷元素时，是钾细菌生命活动的最佳条件。

在施用不同量的速效钾素之后，土壤中速效钾素一定会增加，钾细菌在组成其菌体时，就简单利用了这部分速效钾素，从而影响了钾细菌从土壤铝硅酸盐中释放无效钾的功能发挥。

随着速效钾素施用量的增加，增产效果降低。钾细菌在有速效钾素存在的条件下，具有惰性，环境条件中速效钾素量越多，惰性表现越强烈。因此，为了获得较好的增产效果，钾细菌肥与化学钾肥不宜同时施用。

（二）钾细菌肥和钾矿粉混合施用能提高增产效果

钾矿粉是钾长石、黑云母等原始含钾矿物经球磨粉碎而成的迟效性肥料，速效性钾素非常少。

钾矿粉和钾细菌肥混合施用，为钾细菌释放原始含钾矿物中的钾创造了便利条件。可以在晚稻上做以下 3 个试验。

（1）每亩施用钾矿粉 50 kg；

（2）每亩施用施钾细菌肥 5 kg；

（3）每亩施用钾细菌肥 5 kg 及钾矿粉 50 kg。

以不施为对照。可以得出以下试验结果。

（1）每亩施钾矿粉产量 = 对照 299.65 kg+ 增产 36.5 kg = 336.15 kg；

（2）每亩施钾矿粉增产量 = 对照 299.65 kg×（1+12.2%）；

（3）每亩施钾细菌肥产量 = 对照 299.65 kg+ 增产 55.15 kg = 354.8 kg；

（4）每亩施钾细菌肥增产量 = 对照 299.65 kg×（1+18.4%）；

（5）每亩施钾矿粉和钾细菌肥产量 = 对照 299.65 kg+ 增产 70.65 kg = 370.3 kg；

（6）每亩施钾矿粉和钾细菌肥增产量 = 对照 299.65 kg×（1+23.5%）。

在室内用钾细菌矿化钾矿粉的试验中，转化率 ≈ 10%。通过相关试验表明，用钾矿粉及钾细菌肥进行混合施用，具有以下几点好处。

（1）可以有效发挥钾细菌肥的增产性能。

（2）能够提高钾矿粉肥的肥效。

（3）为开发利用贫钾矿藏提供了一条新途径，可以在矿藏产地就地取材加工成肥，再用土法生产钾细菌肥，结合施用具有以下几个优点。

①成本较低；

②收效很大；

③非常有益于农业生产，高产且产量也很稳定。

七、土杂肥堆沤和钾细菌肥施用的增产效果

将钾细菌肥和堆肥一起堆沤，然后与不接入钾细菌肥进行比较，结果如下。

（1）每亩堆肥和钾细菌肥堆沤后施用产量 = 对照 350.9 kg + 增产 66.8 kg = 417.7 kg；

（2）每亩堆肥和钾细菌肥堆沤后施用增产量 = 对照 350.9 kg ×（1+19.0%）。

堆肥的营养很全面，且丰富，作为自然培养基最合适，可以在施用前 7 天拌入钾细菌肥进行堆沤，在不灭菌条件下扩大繁殖，堆肥带菌下田，既提高了单位面积的施菌量，增产效果也比较好。

八、钾细菌肥的后续效果及连续施用

（一）钾细菌肥的后续效果

钾细菌肥推广应用实践证明，在施用钾细菌肥后，不仅对当季作物有增产效果，还对后季作物有一定的增产效果，两者相比较来看，对当季作物比对后季作物的增产效果更好。

因此，连续施用钾细菌肥的增产效果要更强一些。可以进行试验，即在晚稻施用钾细菌肥和不施用的试验区内，播种红花草种子，次年翻耕前对其鲜草的产量进行测试，结果如下。

（1）每亩晚稻施用钾细菌肥试验区的红花草籽鲜草产量 = 晚稻不施用钾细菌肥试验区的红花草籽 + 增产 333.5 kg；

（2）每亩晚稻施用钾细菌肥试验区的红花草籽鲜草增产量 = 晚稻不施用钾细菌肥试验区的红花草籽 ×（1+10.6%）；

（3）每亩晚稻施用氯化钾试验区的红花草籽增产量 = 晚稻不施用钾细菌肥试验区的红花草籽 ×（1+3.3%）。

可以在盆中用麦—稻—稻作指示作物，用以观察钾细菌肥的后续效果，如表 11–24 所示。

表 11–24　施用钾细菌肥的后续效果

后作作物	早稻		红花草籽		晚稻	
前作的处理	小麦施用	小麦不施	晚稻施用	晚稻不施	早稻施用	早稻不施
后作的产量	60.4 g/盆	55.95 g/盆	3500 kg/亩	3166.5 kg/亩	41.2 g/盆	40.4 g/盆
后效增产量	4.05 g/盆		333.5 kg/亩		0.8 g/盆	
后效增产率	7.18%		10.6%		1.9%	

小麦早稻上施用钾细菌肥后：

（1）后作早稻后效增产量 = 不施用钾细菌肥产量 ×（1+7.93%）；

（2）后作晚稻后效增产量 = 不施用钾细菌肥产量 ×（1+1.9%）。

（二）钾细菌肥连续施用

钾细菌肥的连续施用效果如表 11–25 所示。

表 11–25　钾细菌肥的连续施用效果

前作处理	早稻施用		小麦施用		早稻、小麦连续施用	
当季作物	晚稻		早稻		晚稻	
当季处理	施用	不施	施用	不施	施用	不施
产量 /（g/盆）	42.1	41.2	64.35	60.40	30.6	27.3
增产量 /（g/盆）	0.9		3.95		3.4	
增产率	2.1%		6.5%		12.6%	

在试验中可以得出如下结论：

（1）施用钾细菌肥小麦增产量 = 不施用钾细菌肥产量 ×（1+45.11%）；

（2）施用钾细菌肥早稻增产量 = 不施用钾细菌肥产量 ×（1+20.16%）；

（3）施用钾细菌肥晚稻增产量 = 不施用钾细菌肥产量 ×（1+4.4%）。

从试验结果来看，第一次施用钾细菌肥的增产效果或对当季作物的增产效果，比连续施用及后效的增产效果都要强，因为钾细菌本身是一种抗逆力较强的微生物。

第八节　钾细菌肥在农业实践中的意义

钾细菌肥不仅能有效分解土壤中的硅酸盐和其他含钾矿物，释放出植物可直接吸收利用的有效钾元素，还能增强作物对钾的吸收能力。

此外，还可以分解土壤中难溶性磷。钾细菌还可以抑制作物病害，提高作物的抗病性；可以作追肥、基肥、拌种或蘸根使用。

钾细菌肥是一种广谱性的生物肥料，对农作物具有非常大的作用。生产工艺容易实现，且投资少，对环境的污染也很小，不仅有良好的经济效益，还有很好的社会效益，在农业生产中具有非常强的实践意义。

第十二章　菌肥的广阔发展前景

众所周知，菌不仅能增加土壤肥力，还能转化土壤里的有效养分，这一点是毋庸置疑的。

随着社会的飞速发展，科学技术的不断进步，经过科研人员及广大群众潜心钻研与不懈努力，经大量事实证明，菌肥的作用远不止这些。

第一节　菌肥是一种多效能肥料

在菌肥应用的理论和实践方面，通过科研人员的艰苦奋斗与努力，取得了飞速进展，一部分已经取得了优秀的成果。

一、菌肥对提高作物产量的新发展

（一）部分菌肥效果不明显的原因

菌肥在提高作物产量方面，具有非常好的效果。经过大量实践证明，菌肥质量好、施用方式合理，一定会取得良好的效果。

可能有部分菌肥在被施用于田地后，未取得很明显效果，是因为在实验的过程中受到了环境影响，因此，在实验室中需操作规范，使用科学的方法进行筛选[1]。

菌肥在实验室内进行试验的过程中，能够促进物质转化，提高作物产量。在室外时，随着外界环境变化会对其产生影响。

（1）土壤中存在各种微生物群落对营养物质的竞争；

---

[1]　路垚，何宗均，田阳.微生物肥料的研究进展与应用前景 [J].农家参谋，2020（1）：20.

（2）作物根际的选择性抑制。

首先，菌种能否在土壤中留存下来就是一个问题；其次，即便是能够留存下来，能不能将其作用发挥出来也是一个未知数。

（二）筛选方式

为了解决这个问题，通常情况下，会采取从本地区的土壤中，筛选出生长占优势的微生物作为菌种。

例如以下地区的研究院会从当地土壤中进行筛选。

（1）山东农学院筛选的"八三二"号无机磷细菌；

（2）山东农科院筛选的"七一二"号无机磷细菌；

（3）华中农学院筛选的"三一"号解磷霉；

（4）南京土壤研究所筛选的无机磷细菌"T—39"及"T—214"；

（5）山东大学筛选的氧化硫杆菌；

（6）西北生物土壤研究所筛选的黑曲霉等。

以上菌种在施入当地的土壤后，都有明显提高作物产量的效果。

（三）施用方法

在菌肥的施用方法上也发生了巨大的转变。现在，通常采用混合施用的方式，将各种菌肥与有机肥和化肥进行混合施用，不再采用单独施用的方法。

采用混合施用的方法具有众多优点，如图 12-1 所示。

可以举几个例子。

（1）国外将圆褐固氮菌和某些假单孢菌混合施用，使得棉花的产量得到大幅提升；

（2）将固氮菌、枯草杆菌及巨大芽孢杆菌混合施用，使得小麦的产量得到大幅提升。

中国科学院林业土壤研究所对肥效进行了对比试验，通过试验得出结论：在施用有机肥料的基础上，再施硫铵与固氮菌肥料，比单施固氮菌肥料，肥效能提高 50%。

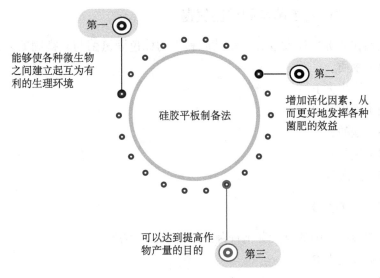

第一
能够使各种微生物之间建立起互为有利的生理环境

硅胶平板制备法

第二
增加活化因素，从而更好地发挥各种菌肥的效益

可以达到提高作物产量的目的
第三

图 12-1 混合施用的优点

二、菌肥能合成生物活性物质

（一）根瘤菌

在几十年前，根瘤菌就受到了科研人员的青睐。经过几十年的刻苦钻研与深入研究，现在发现了更多作用。

（1）根瘤菌和豆科作物有共生固氮的作用。

（2）可以合成以下生物活性物质。

①维生素 B_1；

②维生素 B_2；

③维生素 B_6；

④维生素 B_{12}；

⑤赤霉素；

⑥吲哚乙酸；

⑦维生素 B_{12} 等。

（二）棕色固氮菌与圆褐固氮菌

人们在研究中还发现，固氮菌肥料中的棕色固氮菌与圆褐固氮菌都可以合成以下物质。

（1）维生素 B_1；

（2）维生素 B_2；

（3）烟酸；

（4）生物素；

（5）泛酸等。

（三）磷细菌

磷细菌肥料中的巨大芽孢杆菌可以合成以下物质。

（1）维生素 B_1；

（2）维生素 B_{12}；

（3）维生素 B_6；

（4）烟酸；

（5）生物素；

（6）赤霉素；

（7）泛酸等。

（四）蜡状芽孢杆菌

分解有机磷化物的蜡状芽孢杆菌具有以下作用。

（1）分解卵磷脂酶；

（2）分解动物残体中的含磷有机物；

（3）分解植物残体中的含磷有机物。

各种菌肥合成的生物活性物质，可以极大地促进种子萌发及作物的生长发育，使作物长得根深叶茂，果实饱满。

三、菌肥能抑制病原微生物的生长

根据国内外相关资料可以得出如下结论。

（1）菌肥可以给作物提供所必需的营养元素；

（2）可以抑制作物的病毒；

（3）可以抑制作物的细菌；

（4）可以抑制作物真菌性病害。

关于不同菌肥的抑制作用如图 12-2 所示。

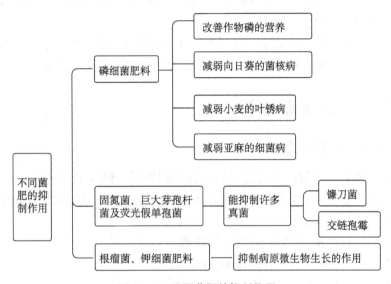

图 12-2　不同菌肥的抑制作用

此外，还有一些问题尚在研究之中，例如：

（1）菌肥能抑制病原菌的原因；

（2）菌肥中的微生物能够制约病原菌活性是依赖什么代谢产物等。

以上问题需要进一步研究并予以解决。随着研究菌肥理论的研究越来越深入，菌肥的作用将越来越广泛。

第二节　生物固氮新途径

一、生物固氮量

生物固氮就是利用微生物固定空气中的氮素，如固氮菌、根瘤菌等固定氮素后就可以供给作物被吸收和利用。

生物固氮的量是非常巨大的，根据相关研究表明，豆科作物在生长季节，每亩作物中的根瘤菌能固定大约 10 kg 的氮素。如果花生播种面积是 800 多万亩，那么根瘤菌能固定 0.8 亿 kg 氮素，折合硫铵 4 亿 kg，相当于 130 余家年产 30 000 t 的化肥厂的总产量。

这是个非常庞大的数字，科研人员非常青睐于生物固氮的特有作用。因此，科研人员不断地努力研究，在生物固氮方面取得了亮眼的成绩。

二、生物固氮新成果

（一）蓝藻固氮能力

在固氮生物方面，我们已知的有自生固氮菌、根瘤菌。除了这两类外，研究人员还发现了藻类中的念珠蓝藻和项圈蓝藻，都可以将大气中的氮素进行固定。蓝藻的作用如下。

（1）在水稻田里能固定空气中的氮素；

（2）在干旱地区能与其他藻类共同作用；

（3）在雨季时能形成一个紧密的藻类物质层；

（4）在干旱季节能形成藻壳层，保护土壤免受侵蚀。

这些藻类在雨季到来或泡入水中时，还可以重新生长繁殖。

（二）叶面固氮菌

由于植物叶片也能分泌一些含氮化合物和碳水化合物，因此，除了根土固氮外，还有叶面固氮菌能够固氮。

植物叶片的分泌物在雨天时被淋入土壤中，在湿度大、温度高的地区或季节，对微生物的生长非常有利。在湿润的滨海地区生长的危地马拉草，在其叶鞘与茎之间的液体中，每毫升含有碳水化合物 15 mg，这是固氮菌中一种非常好的培养基，有利于固氮菌进行叶面固氮。

我国已经在南京、辽宁等地进行了对叶面固氮的研究及试验。东南亚部分国家对柑橘、可可、咖啡等多种植物进行了叶面固氮研究。相信在不久的将来，叶面固氮的应用和研究将会越来越普遍。

（三）基因转移技术参与

随着遗传工程学的快速发展，基因转移等先进的技术也会被引入进来，使得原本没有根瘤的作物，也能与微生物形成具有固氮能力的根瘤。

（四）化学模拟

研究生物固氮能够引导人们进行化学模拟工作，可以彻底改变现如今合成氨的生产方法。

现在工业上生产合成氨需要以下两个条件。

（1）需要高温高压；

（2）需要有催化剂。

生物固氮合成氨只需要在常温常压下，就能够将空气中的氮素转化为有机氮化合物。

是否可以模仿生物固氮的方式进行工业生产氮肥这一问题，通过很多科学家的努力与深入研究，目前，已经可以在实验室中用固氮菌的无细胞制剂及提纯的固氮酶，在还原剂恰当及能源充足的条件下，在常温常压下进行合成氨的生产。这项科学实验的试验成功，为氮肥的工业生产开辟了一条新的途径。

从以上的结论中我们能够得出，菌肥不论是在发挥作用方面，还是其本身的生产应用方面，都具有非常广阔的发展前景。随着科学技术的不断深入发展，研究菌肥理论的工作也一定会有很大的突破，为实现新时期的总任务、更好地研究菌肥工作作出巨大的贡献！

附　录

比色测定土壤酸碱度的方法

通过比色法及电位测定法可以检测土壤的酸碱度。其中，电位测定法更准、更快，但就目前来说，所用的仪器还难以普及，因此，人们多采用比色法。比色法测定的步骤如下。

（1）在 25 mL 水中加入 5 g 土壤，进行摇动，之后静置，澄清后把上部悬液倒出。如果溶液难以澄清，可以加入 2 g 纯硫酸钡。

（2）用混合指示剂大致测定出土壤的酸碱度，在第三章中也有比较详细的讲解。

（3）根据测定的土壤酸碱度，在附表 1 中选择合适的指示剂溶液。

附表 1　各种指示剂变色的 pH 值范围

指示剂	变色范围	颜色变化
溴苯酚蓝	3.0 ～ 4.6	黄～蓝
溴甲酚绿	3.8 ～ 5.4	黄～蓝
氰苯酚红	4.8 ～ 6.4	黄～红
溴苯酚红	5.2 ～ 6.8	黄～红
溴甲酚紫	5.2 ～ 6.8	黄～紫
溴麝香草酚蓝	6.0 ～ 7.6	黄～蓝
苯酚红	6.8 ～ 8.4	黄～红
甲酚红	7.2 ～ 8.8	黄～红

（4）根据测定的土壤酸碱度，选择合适的标准缓冲溶液，标准缓冲溶液

的配制也在附录中。

（5）最后进行颜色对比。

标准缓冲溶液的配制

缓冲溶液有非常多的配制方法，可以根据实际情况进行选择，以下是几种常见的缓冲液配制法。

（一）沙伦生氏法

用磷酸二氢钾（KH_2PO_4）和无水磷酸氢二钠（Na_2HPO_4）进行配制，如附表 2 所示。

（1）先配制 $\dfrac{M}{15}$ 溶液，在 1000 mL 纯净蒸馏水中加入 9.47 g 无水磷酸氢二钠，再在 1000 mL 纯净蒸馏水中加入 9.07 g 磷酸二氢钾。

（2）在之前准备好的洁净试剂瓶内，用洁净滴定管按附表 2 加注以上两种溶液，摇匀后成为各种缓冲液，其 pH 值都不相同。

（3）取各种 pH 值不同的缓冲液 10 mL，分别装进 15 mm×150 mm 的试管中，再各加入 0.5 mL 的 pH 值不同的指示剂，摇匀之后盖上软木塞，用蜡封好，就可以使用。

附表 2　沙伦生氏缓冲液配合法

pH 值	$\dfrac{M}{15}$ 无水磷酸氢二钠 /mL	$\dfrac{M}{15}$ 磷酸二氢钾 /mL
8.3	97.5	2.5
8.0	95.0	5.0
7.8	92.0	8.0
7.6	88.0	12.0
7.4	82.0	18.0

pH 值	$\dfrac{M}{15}$无水磷酸氢二钠 /mL	$\dfrac{M}{15}$磷酸二氢钾 /mL
7.2	73.0	27.0
7.0	62.0	38.0
6.8	50.0	50.0
6.6	37.0	63.0
6.4	26.0	74.0
6.2	18.0	82.0
6.0	12.0	88.0

（二）克拉克——路白斯二氏法

用$\dfrac{M}{5}$氢氧化钠（NaOH）和$\dfrac{M}{5}$磷酸二氢钾进行配合可以制成，如附表 3 所示。

1. $\dfrac{M}{5}$氢氧化钠配制方法

在 1000 mL 蒸馏水中加入 8 g 化学纯粹氢氧化钠，即可制成。

2. $\dfrac{M}{5}$磷酸二氢钾配制方法

在 1000 mL 蒸馏水中加入 27.22 g 化学纯粹磷酸二氢钾进行溶解，即可制成。

附表 3　克拉克——路白斯二氏缓冲液配合法

pH 值	$\dfrac{M}{5}$磷酸二氢钾 /mL	$\dfrac{M}{5}$氢氧化钠 /mL	稀释成 /mL
5.8	50	3.72	200
6.0	50	5.70	200
6.2	50	8.60	200

pH 值	$\dfrac{M}{5}$磷酸二氢钾 /mL	$\dfrac{M}{5}$氢氧化钠 /mL	稀释成 /mL
6.4	50	12.60	200
6.6	50	17.80	200
6.8	50	23.60	200
7.0	50	29.63	200
7.2	50	35.00	200
7.4	50	39.50	200
7.6	50	42.80	200
7.8	50	45.20	200
8.0	50	46.80	200

（三）枸橼酸盐——磷酸盐缓冲液的配合法

该缓冲液有如下组合成分，如附表 4 所示。

（1）在 1000 mL 蒸馏水中加入 21 g 枸橼酸（$C_6H_8O_7 \cdot H_2O$）进行溶解，制成 0.1 摩尔量溶液，也就是 0.1M 溶液；

（2）在 1000 mL 蒸馏水中加入 35.603 g 磷酸氢二钠（$Na_2HPO_4 \cdot 2H_2O$）进行溶解，溶在 1 L 蒸馏水中，制成 0.2 摩尔量溶液，也就是 0.2M 溶液。

附表 4 枸橼酸盐——磷酸盐缓冲液的配合法

pH 值	0.1M 枸橼酸 /mL	0.2M 磷酸氢二钠 /mL
6.0	7.37	12.63
6.2	6.78	13.22
6.4	6.15	13.85
6.6	5.45	14.55
6.8	4.55	15.45
7.0	3.53	16.47

pH 值	0.1M 枸橼酸 /mL	0.2M 磷酸氢二钠 /mL
7.2	2.61	17.39
7.4	1.83	18.17
7.6	1.27	18.73
7.8	0.85	19.15
8.0	0.55	19.45

琼脂的回收

琼脂是固体培养方法制造菌肥的主要原料，用量很大，目前供应比较紧张，价格也较贵。为了解决琼脂的供应问题和降低成本，可以把已经用过的琼脂回收，反复利用。回收的方法如下。

（1）取用过的培养基，加水充分洗涤数次。

（2）把经过洗涤的培养基放在铁锅中加热熔化，不断搅拌，防止底部烧焦，并用纱网捞去泡沫。

（3）冷却，使碳酸钙等杂质沉淀，凝固后倒出，切去底层沉淀的杂质。

（4）把凝固的琼脂切成小块，用自来水冲洗，尽量清除遗留在琼脂中的细菌代谢产物。

（5）加入约 1/3 量的新琼脂，以保持凝固能力。

菌肥厂操作规程

（一）洗瓶工序

1. 质量要求

使用的瓶子要洗涤至清洁透明，瓶中不得残留水分。

2.操作要点

（1）克氏瓶要浸入水槽内，随浸随洗。

（2）不易洗净的瓶子，可以用热水和肥皂等方法处理。

（3）瓶子洗净后，要立即倒放入竹筐中，使附着在瓶内的水流干。

（4）往下水道排水时，要把一切能堵塞管道的杂物捞出，扔在废物篓内。

（5）挑出有破口和不合规格（如鼓肚、厚薄不均）的瓶子。

（6）做好生产记录和破损记录。

（二）培养基配制及分装工序

1.质量要求

药量及培养基数量应准确，灌瓶后的放置时间应尽量缩短，注意清洁。

2.操作要点

（1）培养基配制

培养基的配制步骤如附图1所示。

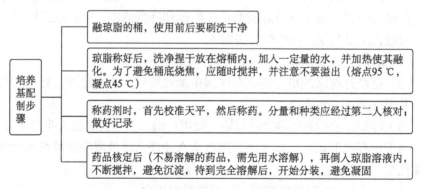

附图1　培养基配制步骤

（2）培养基分装

培养基的分装步骤如附图2所示。

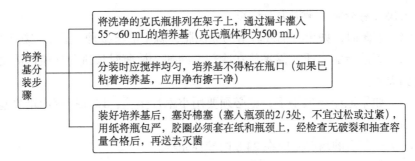

附图2　培养基分装步骤

（三）棉塞工序

1. 质量要求

（1）松紧度合适（棉花塞在瓶子上，提起时不会掉落，拔出时没有声音）。

（2）棉塞不能有皱褶，大小长短合适。

2. 操作要点

（1）把准备好的棉花放在左手拇指及中指间，用右手食指把它往下推，使之成为一个圆柱形（按棉花则不同，操作方法可以灵活掌握）。

（2）将棉花塞入瓶中约 2/3 处。

（3）注意清洁，做好的棉塞要保存在清洁箱内，以备使用。

（四）灭菌工序

1. 质量要求

培养基装瓶后（根瘤菌培养基必须在 8 h 内灭菌结束，固氮菌培养基必须在 16 h 内灭菌结束）进行灭菌，灭菌时要保证温度及时间准确。

2. 操作要点

（1）每锅中灭菌的克氏瓶数量不宜过多或过少。

（2）开始灭菌时，锅盖必须紧闭，锅内冷空气必须排尽后，关闭气门，让蒸汽压力上升，否则会发生压力够而温度不够的现象。蒸汽压力达到 15 磅时，开始记录时间，保持 30 min 后停止加热，使锅内压力自行下降至 5 磅时，再打开排气门。

（3）温度上升或下降，必须小心控制，不可过急，否则升得太快易爆炸，降得太快又易造成容量损失及炸裂。

（4）灭菌时，如果有棉塞脱落的克氏瓶，就不应再接种，必须重新灭菌。

（5）灭菌后的克氏瓶需平放在冷却室冷却，放瓶时须避免让瓶内的培养基碰到棉塞。

（6）如果地面高低不平，就必须要用小木片垫平，以保持瓶内培养基成水平面。

（7）灭菌后的培养基应在 24 h 内接种完毕。

（8）每锅灭菌后，应记录温度、时间，并抽查灭菌是否彻底（每次取出一瓶放在 37 ℃中培养 3 天）。

（9）冷却室应保持清洁，每天上班前用清水擦洗一次，然后用消毒药水灭菌。

（五）接种工序

1. 质量要求

无菌室内应保持无尘无菌、地面潮湿，缓冲室应避免空气流通，清洁无尘。

2. 操作要点

（1）接种工序的操作要点如附图 3 所示。

每组扫除一次，严禁用扫帚等工具，先用清水擦抹，再用0.1%的氯化汞水擦墙壁、地面等，每周末用甲醛熏蒸一次（每100 m³用15 mL 36%～40%的甲醛，加30 mL水，熏蒸后密闭12 h以上）。如果灭菌后急用，可以熏1～2 h后，再用等量的20%的氢氧化铵溶液放在室内消除气味

接种人员在进入无菌室前，应用药皂认真洗手，操作时再用95%的酒精消毒

无菌室经灭菌后，每组由接种人员负责检查室内灭菌程度，可用普通牛肉汤平板培养基进行，并加以记录

附图 3　接种工序操作要点

（2）注意事项：

①紫外线灯不得直射菌种及人体（尤其是眼睛），如有菌种放在接种室内时，一定要放在桌子下面。

②接种要均匀一致，操作要迅速，以缩短接种吸管在空气中停留的时间。

③接种吸管在未取菌种前，应经过火焰灭菌。

④工作人员操作时精神要集中，严禁与他人闲谈。接种吸管如果接触到瓶口或其他物件，就不可再用。

⑤每支吸管可接种 15～20 瓶，每瓶接菌液 1 mL。

⑥用完的接种吸管不能随便乱丢，要插在装有杀菌剂（氯化汞或石炭酸）的筒内。

⑦接种吸管蘸菌后，出入瓶口时应注意避免通过火焰（以免杀死细菌），但瓶口不能距离火焰太远。

⑧已接种的瓶子，要用纸包好，并注明菌种批号、接种人及日期。

（六）培养室工序

1. 质量要求

保持清洁和规定的温度、湿度（温度 25～30 ℃，相对湿度 85%～95%）。

2. 操作要点

（1）培养室要有专人掌握温湿度、培养时间，由专人负责清洁工作，每天至少擦地面两次，以保持地面潮湿，减少尘土飞扬。

（2）尽量避免非培养室工作人员进入培养室。

（3）培养室内每天要用石炭酸喷雾灭菌一次。

（4）每组已接种的克氏瓶培养地点，由培养室负责人员指定。

（5）要严格保持各种细菌培养的温度和时间。

培养的温度及培养时间如附表 5 所示。

附表 5　保持温度及培养时间

保持的温度	培养时间
固氮菌 25～28 ℃	3～4 天

续表

保持的温度	培养时间
硅酸盐菌 25 ～ 28 ℃	3 ～ 4 天
根瘤菌 25 ～ 28 ℃	6 ～ 7 天
磷细菌 30 ～ 35 ℃	2 ～ 4 天

（6）培养的细菌，每天要进行外观检查，肉眼能看出杂菌的需立刻进行处理；无法准确判定是否有杂菌时可继续进行培养检查，根据检查结果处理。如有杂菌，即为废品。

（7）培养好的菌外观正常，经过抽查镜检没有问题的，就可以运去刮菌。

（七）配菌工序

1.质量要求

保证不浪费菌液，不把刮出的杂菌混在菌液内。

2.操作要点

配菌工序的操作要点如附图 4 所示。

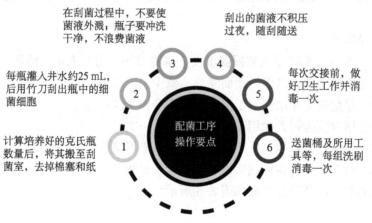

附图 4　配菌工序操作要点

（八）火坑泥炭土干燥工序

1. 质量要求

泥炭土尽量做到不混入砖块、石块、虫子等杂物。

2. 操作要点

（1）运输来的泥炭土，放置在干燥的地方备用，如有砖块、石块、虫子等杂物必须挑出。

（2）火坑在开始点烧前，必须展开检查，工具、煤等物料必须准备齐全。

（3）泥炭土运到火坑后摊平，厚度不得超过 15 cm。距离火道较远的地方，就不必摊泥炭土。

（4）泥炭土在火坑上每半小时翻动一次，干燥 2～2.5 h 后就可出坑。

（5）火坑的温度需保持在 120～160 ℃，严防因高温而引起泥炭土燃烧。

（6）注意安全，严防火灾。

（九）泥炭土粉碎工序

1. 质量要求

泥炭土粗细度必须均匀，不得混有石块、草秆、杂物等。

2. 操作要点

（1）上班前必须检查机器（如电动机、传送带、粉碎机等），同时，各轴承的油眼必须加油，如无故障，才可合闸，待机器运转正常后再下料。

（2）推料人在推料过程中，必须把砖头、石块、草秆等杂物仔细挑出，以免损伤牙板，粉碎后的泥炭土温度最高不得超过 35 ℃。

（3）推料人应保证供应及时。

（4）推料人应按原料的不同性质，控制下料量速度，保证下料均匀，以免发生故障。

（5）粉碎合格的泥炭土必须放在干燥的地方备用。

（6）圆罗机损坏时，必须及时修理，以防止大颗粒的泥炭土漏出，影响产品质量。

（7）筛过的泥炭土应注意粗细度，及时检查圆罗机是否损坏，装袋不宜过满。

（8）机器设备如有损坏应及时报告有关单位进行修理，以免影响生产。

（十）搅拌工序

1. 质量要求

搅拌均匀，菌液和泥炭土充分混匀，分量准确。

2. 操作要点

（1）备料

验收烘干粉碎的泥炭土，其温度不得超过 35 ℃；将粉碎过的泥炭土过秤，每袋泥炭土净重 60 kg，称好备用。

（2）人工搅拌

①人工搅拌的地方，必须打扫干净。搅拌前备料必须齐全。

②将两袋泥炭土（每袋 60 kg）倒在打扫干净的地上，加入炉灰、碳酸钙搅匀，并围成环形。倒入菌液及营养液，注意不要流出圈外。

3. 营养液的配方

（1）固氮菌剂

糖 100 g 加过磷酸钙 400 g，并用石灰调节至 pH = 8。

（2）根瘤菌剂

糖 100 g、过磷酸钙 100 g、磷酸氢二钾 4 g、微量元素 2 mL。

（3）磷细菌剂

糖 50 g、碳酸钙 250 g。

（4）硅酸盐菌剂

过磷酸钙 6 kg、石灰 6 kg。

（5）用铁锹进行混合搅拌，在搅拌中注意勿使菌液流出，每一大堆菌剂搅拌 4 ～ 5 min。

（6）搅拌后用铁锹进行松砂一次。

（7）松砂后的菌剂立即送往繁殖槽，不宜在松砂机下安置过久。

4. 机器搅拌

（1）搅拌前须检查搅拌机是否运转正常及有无损坏，经过检查确认没有故障时，才可以开动电闸进行搅拌。

（2）将泥炭土、炉灰、碳酸钙等按规定量倒入锅内，加入菌液和过磷酸石灰溶液，盖上锅盖，开动电闸搅拌。

（3）每锅搅拌 5 min，时间到后关闭电闸停止搅拌，将菌剂倒出。每次必须将锅内残留菌剂清理后，再进行下一锅的搅拌。

5.更换搅拌菌剂品种的操作

（1）人工搅拌时应先把地面打扫干净，并将铁锹等工具清洗干净后，再搅拌新的品种。

（2）每次机器搅拌后，待将搅拌机、松砂机及铁锹清理干净后，再搅拌新品种。

（十一）繁殖工序

1.质量要求

保持室内清洁、通风，槽内有一定温度及水分，并按时倒槽，做好记录。

2.操作要点

（1）菌剂倒入繁殖槽后，立即进行均匀地倾倒，喷水完毕后，必须在铭牌上注明品名、锅数、生产日期、时间、班次。

（2）要注意不同菌剂的含水量：

①根瘤菌剂：35%～40%；

②固氮菌剂：30%～35%；

③磷细菌剂：（如在搅拌时含水25%～30%）可以不喷水。

（3）根瘤菌、固氮菌的繁殖温度以18～28℃最为适宜，最高不得超过35℃。如果超过35℃应立即倒槽进行通风，严防温度过高而影响质量。

（4）固氮菌繁殖时间，在适宜的条件下最少一昼夜。根瘤菌繁殖时间，在适宜的条件下最少两昼夜〔适宜条件下的温度为18～28℃，含水量与要点（2）要求一样〕。

（5）按照化验室的要求及时送检。

（6）值班人员每小时要认真记录室内菌剂的温度和湿度一次。

（7）繁殖室内必须保持清洁，工具或杂物不许乱放。

（8）槽内菌剂必须防止阳光照射。

（9）交接班时要把本班工作情况交代清楚。

（10）槽内菌剂的厚度不能超过33 cm，菌剂入槽后每8 h应翻动一次。

（十二）包装工序

1.质量要求

分量准确，内外整洁，箱内外要注明品名、出厂日期等。

2. 操作要点

（1）小包装

小包装的操作要点如附图 5 所示。

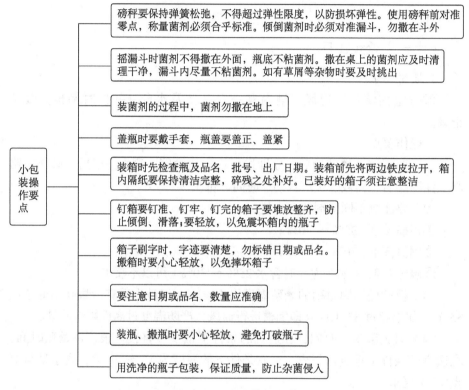

附图 5　小包装操作要点

（2）大包装

①箱子刷字时要注意箱子是否潮湿，以及有无裂缝或太宽等情况，同时，字迹要清楚。箱子出厂要做到不出白板、不缺说明书。

②空箱过秤时，不到 0.2 kg 的尾数不计；超过 0.2 kg 的，按 0.25 kg 计算；超过 0.6 kg 的，按 0.5 kg 计算。

③每班之后，要由带班人负责与繁殖组联系当日工作。

④包装时，要按繁殖规定的槽号次序进行包装。

⑤包装时，要保证分量准确，已撒在地上的菌剂，应及时清理。

⑥钉箱时，每箱至少要钉上 12 颗钉子，如有必要，还可以酌量增加。

⑦称秤成品箱时，要小心轻放，最高不应超过 5 个，以保证安全。

⑧每班下班时，将遗落的钉子、纸张拾起保存。交接班时要移交各种工具，还要交代清楚有关工作情况。

⑨要经常保持工作场所的整洁，每天消耗的主要原材料也要统计记录。

参考文献

[1] 王岳，金章旭．菌肥及其制造与使用 [M]. 福州：福建人民出版社，1962.

[2] 莱阳农学院土壤肥料教研组．菌肥 [M]. 济南：山东科学技术出版社，1978.

[3] 山东省土壤肥料研究所微生物室．根瘤菌肥 [M]. 北京：农业出版社，1978.

[4] 湖南省益阳地区农业科学研究所．钾细菌肥 [M]. 北京：农业出版社，1978.

[5] 山东农学院农药厂．磷细菌肥 [M]. 北京：农业出版社，1979.

[6] 福建师范学院化学系勤工俭学小组．细菌肥料 [M]. 福州：福建人民出版社，1959.

[7] 沈其荣．土壤肥料学通论 [M]. 北京：高等教育出版社，2001.

[8] 南京农学院．土壤农化分析 [M]. 北京：农业出版社，1980.

[9] 林成谷．土壤学（北方本）[M]. 北京：农业出版社，1983.

[10] 万书波．中国花生栽培学 [M]. 上海：上海科学技术出版社，2003.

[11] 方中达．植病研究方法（第 3 版）[M]. 北京：中国农业出版社，1998.

[12] 李阜棣．农业微生物学实验技术 [M]. 北京：中国农业出版社，1996.

[13] 中国林业科学研究院分析中心．现代实用仪器分析方法 [M]. 北京：中国林业出版社，1994.

[14] 陈廷伟．非豆科作物固氮研究进展 [M]. 北京：中国农业科学技术出版社，1989.

[15] 康白．微生态学 [M]. 大连：大连出版社，1988.

[16] 崔玉亭．化肥与生态环境保护 [M]. 北京：化学工业出版社，2000.

[17] 冯家畅．花生黄曲霉毒素的生物防控方法及菌剂的研究 [D]. 长春：吉林大学，2020.

[18] 武琳霞．中国花生黄曲霉毒素污染风险预警模型研究 [D]. 北京：中国农业科学院，2019.

[19]　马骢毓.民勤退耕区次生草地土壤微生物多样性研究及优势植物根际促生菌资源筛选 [D]. 兰州：甘肃农业大学，2017.

[20]　韩梅.大豆复合微生物肥料功能菌系的构建及包埋固定化研究[D].沈阳：沈阳农业大学，2013.

[21]　王锋.黄曲霉毒素 B$_1$ 的辐射降解机理及产物结构特性分析 [D]. 北京：中国农业科学院，2012.

[22]　尹冬雪.生物炭微生物缓释肥的制备与特性研究 [D]. 长春：吉林大学，2020.

[23]　李文静.玉米秸秆生物炭对石灰性农田土壤微生物数量和功能的影响[D]. 太原：太原理工大学，2019.

[24]　张婉.非产毒黄曲霉菌株筛选及其在花生种植中的应用研究 [D]. 长春：吉林大学，2019.

[25]　葛璐.太子参叶斑病生防功能小球的制备及研究 [D]. 镇江：江苏大学，2019.

[26]　程翠利.光质对黄曲霉生长发育及毒素合成的影响研究 [D]. 长沙：湖南农业大学，2018.

[27]　吕聪.水活度和温度调控稻米上黄曲霉生长和产毒的机制研究 [D]. 北京：中国农业科学院，2018.

[28]　王振.复合微生物菌剂对水稻生长发育影响研究 [D]. 沈阳：沈阳农业大学，2017.

[29]　陈思尹.多环芳烃降解菌的筛选及生物炭固定化菌剂对土壤的修复 [D]. 上海：上海师范大学，2017.

[30]　樊胜兰.固定化光合细菌消减水体污染物的室内模拟研究 [D]. 绵阳：西南科技大学，2016.

[31]　刘肖.花生储藏过程中水活度、温度对黄曲霉生长和产毒的影响 [D]. 北京：中国农业科学院，2016.

[32]　段文学.耕作方式和氮肥运筹对旱地小麦耗水特性和产量形成的影响 [D]. 泰安：山东农业大学，2013.

[33]　倪强.NaCl 胁迫对不同种源黑果枸杞组培苗生理及荧光特性的影响 [D]. 兰州：甘肃农业大学，2020.

[34]　石婧.棉花对盐胁迫的生理响应及耐盐机理研究 [D]. 石河子：石河子大学，2020.

[35]　侯亚玲.枯草芽孢杆菌对盐碱土水分运移及冬小麦生长特征影响的研究 [D].西安：西安理工大学，2019.

[36]　张艳超.膜下滴灌土壤水盐氮运移特性及水盐肥生产函数研究 [D].西安：西安理工大学，2018.

[37]　丁倩.磁化微咸水膜下滴灌土壤水盐分布及棉花生长特征研究 [D].西安：西安理工大学，2018.

[38]　陈求柱.氮肥运筹对棉花产量形成及养分吸收利用的影响研究 [D].武汉：华中农业大学，2013.

[39]　张荣霞.不同作物多种叶面积指数获取方法对比研究 [D].武汉：华中农业大学，2013.

[40]　丁琳琳.产 ACC 脱氨酶植物促生菌的筛选及其在石油污染土壤修复中的可行性探究 [D].南京：南京师范大学，2012.

[41]　李继成.保水剂—土壤—肥料的相互作用机制及作物效应研究 [D].咸阳：西北农林科技大学，2008.

[42]　王方斌.氮肥减施对滴灌棉田氮素气态损失和棉花产量的影响 [D].石河子：石河子大学，2020.

[43]　刘诗璇.不同种类氮肥对土壤供氮特征及玉米生长、产量的影响 [D].沈阳：沈阳农业大学，2019.

[44]　庄振东.冬小麦—夏玉米轮作体系氮肥去向及平衡状况研究 [D].泰安：山东农业大学，2016.

[45]　祝珍珍.棉花氮肥分次施用比例效应研究 [D].武汉：华中农业大学，2012.

[46]　蔡宜响.轮作休耕模式及氮肥减量运筹对土壤理化性质、氮素利用及水稻产量的影响 [D].扬州：扬州大学，2021.

[47]　叶桂.氮肥基追比和劲丰对小麦产量和氮素利用的影响 [D].南京：南京农业大学，2014.

[48]　唐浩月.棉花不同氮肥比例施用效应研究 [D].武汉：华中农业大学，2010.

[49]　杨虎.密度、氮肥对不同穗型小麦产量和品质的影响研究 [D].合肥：安徽农业大学，2008.

[50]　万鹏.氮肥对土壤氮素及不同玉米生理、产量和氮素利用的影响 [D].天津：天津农学院，2017.

[51] 纪德智. 不同氮肥对春玉米氮磷钾吸收与土壤氮素残留的影响 [D]. 哈尔滨: 东北农业大学, 2014.

[52] 李艳红. 玉米花生间作体系产量效应分析及其生理基础研究 [D]. 泰安: 山东农业大学, 2019.

[53] 姚延梼. 华北落叶松营养元素及酶活性与抗逆性研究 [D]. 北京: 北京林业大学, 2006.

[54] 张立彭. 土壤熏蒸与微生物菌剂联用对缓解兰州百合连作障碍的作用效应研究 [D]. 兰州: 甘肃农业大学, 2020.

[55] 李倩. 花生根系形态 shovelomics 与响应氮钾缺乏的 miRNA 调控机制 [D]. 新乡: 河南科技学院, 2020.

[56] 杨楠. 紫金矿区重金属耐性菌株 Mucilaginibacter rubeus P3 的分离、鉴定、基因组分析及其应用研究 [D]. 福州: 福建农林大学, 2019.

[57] 杨坚群. 玉米花生间作对缓解花生连作障碍的作用机理研究 [D]. 泰安: 山东农业大学, 2019.

[58] 郭雨鑫. 生物源肥料对马铃薯生长、产量及品质的影响 [D]. 哈尔滨: 东北农业大学, 2018.

[59] 林海波, 夏忠敏, 陈海燕. 有机、无机肥料配施研究进展与展望 [J]. 耕作与栽培, 2017 (4): 67-69.

[60] 孔海民, 陆若辉, 曹雪仙, 等. 生物有机肥对葡萄品质、产量及土壤特性的影响 [J]. 浙江农业科学, 2022 (1): 77-79.

[61] 李丹, 邵泽强, 石宝忠. 有机无机肥料配施的研究进展及展望 [J]. 吉林农业, 2015 (24): 88.

[62] 林辉. 几种无机肥料的鉴别和用法 [J]. 土壤, 1960 (5): 7-9, 33.

[63] 杨文洪. 无机肥料对环境的污染与防治 [J]. 云南农业, 1994 (5): 35-36.

[64] 王文章, 崔永庆. 世界无机肥料生产和应用的现状及发展趋势 (综述) [J]. 宁夏农业科技, 1981 (6): 47-49.

[65] 李芳柏, 廖宗文. 试论我国有机无机肥料的配合施用 [J]. 热带亚热带土壤科学, 1996 (3): 167-172.

[66] 李文高. 有机—无机肥料配施培肥砂姜黑土研究 [J]. 安徽农业学, 2000 (5): 636-637.

[67] 裴德安, 刘勋, 郭才蒋. 红壤丘陵地区有机无机肥料的效果及其配合 [J]. 土壤, 1961 (8): 38-44.

[68]　张德远.施用无机肥料与防止生态环境污染[J].江西农业大学学报，1985（A2）：79-81.

[69]　MA Xin-ling，LIU Jia，CHEN Xiao-fen，etc.Bacterial diversity and community composition changes in paddy soils that have different parent materials and fertility levels[J].Journal of Integrative Agriculture，2021（10）：2797-2806.

[70]　刘晓.微生物菌肥在农业生产中的应用研究[J].河南农业，2021（17）：14-15.

[71]　池景良，郝敏，王志学，等.解磷微生物研究及应用进展[J].微生物学杂志，2021（1）：1-7.

[72]　劳承英，申章佑，李艳英，等.基于高通量测序技术分析不同耕作方式下水稻根际土壤真菌多样性[J].热带作物学报，2021（9）：2717-2726.

[73]　尚方剑，王洁，邢诒彰，等.四种香草兰根际土壤微生物群落功能多样性解析[J].热带农业科学，2021，49（5）：6-14.

[74]　张强，张艳茹，霍云凤，等.禾谷镰刀菌拮抗菌ZQT-31的分离与鉴定[J].江苏农业科学，2021，49（9）：80-85.

[75]　王佩瑶，张璇，袁文娟，等.土壤微生物多样性及其影响因素[J].绿色科技，2021（8）：163-164，167.

[76]　孙文财.微生物菌肥在农业生产中应用的必要性[J].农业开发与装备，2021（4）：224-225.

[77]　荆晓姝，丁燕，韩晓梅，等.联合固氮菌的合成生物学研究进展[J].微生物学报，2021（10）：3026-3034.

[78]　孙悦，刘佳伊，陈璐，等.抗耐药性大肠杆菌乳酸菌的筛选及抑菌机制[J].食品科学，2021（2）：121-127.

[79]　谷正，余超，章鑫鑫，等.高岭土对饮用水中微生物保护效果的研究[J].生物化工，2020（5）：82-84.

[80]　王涛，段积德，王锦霞，等.生物炭对土壤重金属的修复效应研究进展[J].湖南生态科学学报，2020（3）：55-65.

[81]　LI H Z，BI Q F，YANG K，et al. High starter phosphorus fertilization facilitates soil phosphorus turnover by promoting microbial functional interaction in an arable soil[J].Journal of environmental sciences，2020（8）：179-185.

[82]　赫玲玲，程顺利，肖进彬，等.解钾胶冻样芽孢杆菌的液态发酵培养基及条件优化[J].河南科学，2020（7）：1075-1082.

[83]　孙霞，刘扬，王芳，等 . 固定化微生物技术在富营养化水体修复中的应用 [J]. 生态与农村环境学报，2020（4）：433-441.

[84]　胡振阳，都立辉，袁康，等 . 稻谷黄曲霉毒素的检测与污染控制研究进展 [J]. 中国粮油学报，2020（1）：175-785.

[85]　李琦，杨晓玫，张建贵，等 . 农用微生物菌剂固定化技术研究进展 [J]. 农业生物技术学报，2019（10）：1849-1857.

[86]　李涛，张朝辉，郭雅雯，等 . 国内外微生物肥料研究进展及展望 [J]. 江苏农业科学，2019（10）：37-41.

[87]　郑华楠，宋晴，朱义，等 . 芦苇生物炭复合载体固定化微生物去除水中氨氮 [J]. 环境工程学报，2019（2）：310-318.

[88]　KAMBER U, GÜLBAZ G, AKSU P, et al. Detoxification of aflatoxin B1 in red pepper（capsicum annuum L.）by ozone treatment and its effect on microbiological and sensory quality[J]. Journal of food processing and preservation, 2017（5）：e13102.

[89]　KANAPITSAS A, BATRINOU A, ARAVANTINOS A, et al. Gamma radiation inhibits the production of ochratoxin a by aspergillus carbonarius. Development of a method for OTA determination in raisins[J].Food bioscience, 2016：42-48.

[90]　HASHEM M A, GAMAL A A, HASSAN E M, et al. Covalent immobilization of enterococcus faecalis esawy dextransucrase and dextran synthesis[J]. International journal of biological macromolecule, 2016（0）：905-912.

[91]　JIA X, SHENG W B, LI W, et al. Adhesive polydopamine coated avermectin microcapsules for prolonging foliar pesticide retention.[J]. ACS applied materials & interfaces, 2014, 6（22）：19552-19558.

[92]　ELHAM J, FARZANEH A, MEHRAN S, ea al. Aflatoxin in pistachio nuts used as ingredients in Gaz sweets produced in Isfahan, Iran[J]. Food additives & contaminants. Part B, surveillance, 2014（1）：70-73.

[93]　SCHOEBITZ M, LÓPEZ D M, ROLDÁN A. Bioencapsulation of microbial inoculants for better soil‐plant fertilization. A review[J]. Agronomy for sustainable development, 2013（4）：751-765.

[94]　TOSHIKAZU S, HIROSHI S. Indigestible dextrin is an excellent inducer

for α–amylase，α–glucosidase and glucoamylase production in a submerged culture of Aspergillus oryzae[J]. Biotechnology letters，2012（2）：347–351.

[95] GUAN S，ZHOU T，YIN Y，et al. Microbial strategies to control aflatoxins in food and feed[J]. World mycotoxin journal，2011（4）：413–424.

[96] PROBST C，BANDYOPADHYAY R，PRICE L E，et al. Identification of atoxigenic aspergillus flavus isolates to reduce aflatoxin contamination of maize in Kenya[J]. Plant disease，2011（2）：212–218.

[97] 田雨，王旭文，韩焕勇，等 . 施氮量对等行距密植棉花气体交换和叶绿素荧光特性的影响 [J]. 新疆农业科学，2020（11）：1987–1997.

[98] 李红强，姚荣江，杨劲松，等 . 盐渍化对农田氮素转化过程的影响机制和增效调控途径 [J]. 应用生态学报，2020（11）：3915–3924.

[99] 顾惠敏，陈波浪，孙锦 . 菌根化育苗对盐胁迫下加工番茄生长和生理特征的影响 [J]. 中国农业科技导报，2021（3）：166–177.

[100] 张莉，封超年，卢梦婕，等 . 苏北沿海地区不同盐渍化土壤养分及生物学特性 [J]. 安徽农业大学学报，2019（6）：981–987.

[101] 王玉宝，刘显，史利洁，等 . 西北地区水资源与食物安全可持续发展研究 [J]. 中国工程科学，2019（5）：38–44.

[102] 李荣发，刘鹏，董树亭，等 . 肥料配施枯草芽孢杆菌对夏玉米产量及养分利用的影响 [J]. 植物营养与肥料学报，2019（9）：1607–1614.

[103] 蒋南，龚湛武，陈力力，等 . 施用枯草芽孢杆菌的土壤养分含量与三大微生物间灰色关联分析 [J]. 作物志，2019（3）：142–149.

[104] 闫湘，金继运，梁鸣早 . 我国主要粮食作物化肥增产效应与肥料利用效率 [J]. 土壤，2017（6）：1067–1077.

[105] 李迪秦，龚湛武，李玉辉，等 . 复合生物有机肥对烤烟光合生理特性及土壤微生物的影响 [J]. 中国农业科技导报，2017（9）：109–116.

[106] 任友花，王羿超，李娜，等 . 微生物肥料高效解磷菌筛选及解磷机理探究 [J]. 江苏农业科学，2016（12）：537–540.

[107] 孙虎 . 氮肥对番茄衰老调控及产量的影响 [J]. 北方园艺，2016（24）：35–37.

[108] 王若男，洪坚平 . 4种生物菌肥对盆栽油菜产量品质及土壤养分含量的影响 [J]. 山西农业大学学报（自然科学版），2016（11）：774–778，792.

[109] 李章辉 . 花生连作田中土壤微生物群落数量变化分析 [J]. 河南农业，

2020（31）：15-16.

[110] 何永梅，陈胜文，孔志强，等 . 生物菌肥的种类及功效 [J]. 新农村，2020（10）：27-28.

[111] 刘忠强，张立强 . 微生物肥料的特点、作用与使用方法 [J]. 科学种养，2020（9）：36-37.

[112] 王江伟，张光雨，余成群 . 有机肥和无机肥对土壤微生物群落影响的整合分析（英文）[J].Journal of Resources and Ecology.2020（3）：298-303.

[113] 李志华 . 微生物肥料对土壤的改良及在农作物生产中的应用 [J]. 农业开发与装备，2020（5）：179.

[114] 邹锦丰，周传志 . 微生物肥料研究进展及发展前景 [J]. 现代农业科技，2021（22）：142-144.

[115] 罗琴 . 微生物肥料研究现状及发展趋势分析 [J]. 现代农业科技，2019（12）：166，168.

[116] 唐朝辉，郭峰，张佳蕾，等 . 花生连作障碍发生机理及其缓解对策研究进展 [J]. 花生学报，2019（1）：66-70.

[117] 李庆凯，郭峰，唐朝辉，等 . 三种酚酸类物质在花生连作障碍中的生态效应分析 [J]. 中国油料作物学报，2019（1）：53-63.

[118] 张宝贵，李贵桐 . 土壤生物在土壤磷有效化中的作用 [J]. 土壤学报，1998（1）：104-111.

[119] 莫才清，李阜棣 . 应用 luxAB 基因和 gusA 基因标记大豆根瘤菌的效果 [J]. 大豆科学，1998（1）：20-23.

[120] 李法云，高子勤 . 土壤—植物根际磷的生物有效性研究 [J]. 生态学杂志，1997（5）：57-60.

[121] 曲东明，范浩南，韩善华 . 放线菌根瘤的形成方式及组织结构 [J]. 微生物学通报，1997（3）：165-167.

[122] 吴小琴 . 硅酸盐细菌的应用概况 [J]. 江西科学，1997（1）：60-67.

[123] 王平，胡正嘉，李阜棣 . 荧光假单胞菌群根部定殖的研究进展 [J]. 应用与环境生物学报，1996（4）：408-415.

[124] 桑俊民，王赐芳，刘玉海，等 . 生物钾肥不同施用方法对冬小麦生长发育及产量效应的分析 [J]. 河北农业大学学报，1996（2）：116-119.

[125] 吴清平，周小燕，蔡芷荷，等 . 非豆科植物根瘤放线菌研究进展 [J]. 微生物学通报，1996（2）：101-105.

[126] 薛智勇, 汤江武, 钱红, 等. 硅酸盐细菌在不同土壤中的解钾作用及对甘薯的增产效果 [J]. 土壤肥料, 1996 (2): 23-26.

[127] 尹瑞龄, 许月蓉, 顾希贤. 解磷接种物对垃圾堆肥中难溶性磷酸盐的转化及在农业上的应用 [J]. 应用与环境生物学报, 1995 (4): 371-378.

[128] 阎大来, 何路红, 李季伦. 固氮螺菌与植物的相互关系研究进展 [J]. 微生物学通报, 1995 (3): 176-179.

[129] 王友亨, 石承苍. 生物钾肥在水稻上的应用效果研究 [J]. 四川农业科技, 1995 (3): 31-32.

[130] 彭生平, 叶凤金. 硅酸盐菌剂在棉花上的应用效果 [J]. 湖北农业科学, 1995 (2): 34-35.

[131] 潘佩平, 周鸿宾. 茎瘤固氮根瘤菌 (Azorhizobium caulinodans) ORS 571 产生的植物激素 [J]. 微生物学通报, 1995 (1): 10-14.

[132] 王平, 李阜棣. 有关细菌根部定殖测量的几个重要问题 [J]. 土壤学进展, 1994, 22 (6): 35-41, 52.

[133] 袁宝生, 张巨祥, 孙文海, 等. 生物钾肥对改良烟草品质提高烟草产量的效果 [J]. 河北省科学院学报, 1994, 11 (2): 33-43.

[134] 熊常财, 李新, 王汉桥, 等. 生物钾肥在鄂南红壤水稻土上的施用效果 [J]. 湖北农业科学, 1993 (6): 11-13.

[135] 林敏, 尤崇杓. 根际联合固氮作用的研究进展 [J]. 植物生理学通讯, 1992 (5): 323-330.

[136] 板野新夫, 甘扬声. 转化土壤中不溶性有机磷和无机磷化合物为可溶性磷酸盐的细菌——Ⅰ. 细菌的分离和鉴定 [J]. 土壤学报, 1955 (2): 91-95.

[137] 路垚, 何宗均, 田阳. 微生物肥料的研究进展与应用前景 [J]. 农家参谋, 2020 (1): 20.